Michael Rützel

Depron-Workshop

Leichte Schaummodelle selber bauen

Depron-Workshop

Leichte Schaummodelle selber bauen

Michael Rützel

Gastautor: Jürgen Schönle
Bilder: Michael Rützel, Karin Rützel,
Daniel Just, Jürgen Bestenlehner,
Jörg Pfister

Verlag für Technik und Handwerk neue Medien GmbH
Baden-Baden

vth - Fachbuch
Best.-Nr.: 3102277

Redaktion: Oliver Bothmann
Layout: Uschi Klee

Bibliografische Information der Deutschen Nationalbibliothek:
Die Deutsche Nationalbibliothek verzeichnet diese Publikation
in der Deutschen Nationalbibliografie; detaillierte bibliografische
Daten sind im Internet über http://dnb.d-nb.de abrufbar.

ISBN 978-3-88180-491-2
1. Auflage 2019 by Verlag für Technik und Handwerk neue Medien GmbH
Postfach 22 74, 76492 Baden-Baden

Printed in Germany
Druck: Colordruck Solutions GmbH Leimen

Inhaltsverzeichnis

Vorwort und Zielsetzung

Was möchte ich mit diesem Buch erreichen? Sicherlich haben Sie sich diese Frage auch gestellt und bereits eine Antwort gefunden, Sie haben es ja schließlich erworben und erwarten nun einen Gegenwert zu Ihrer Investition. Ich hoffe, unsere Zielsetzungen sind identisch, dann haben Sie als Leser und ich als Autor alles richtig gemacht.

Meine Intention – nach über 40 Jahren in der Konstruktion, dem Bau und dem Flug von Modellflugzeugen – ist es Spaß an unserem Hobby zu haben und die Freude am Bau und schönen Flügen eines Modells weiterzugeben. Dazu gehört natürlich, dass das Modell gut fliegt, an einem schlecht fliegenden Modell hat niemand Spaß und wenn es dann sogar noch wegen eines Konstruktions- oder Baufehlers abstürzt, erst recht nicht. Sie glauben mir sicher, wenn ich Ihnen sage, dass ich das natürlich alles bereits erlebt habe. Da man aber gerade aus seinen Fehlern am meisten lernt, hat sich natürlich im Laufe meiner aktiven Jahre in diesem Hobby einiges an Erfahrungen angesammelt, auch natürlich durch den laufenden Kontakt mit Modellflugkollegen, von denen ich einige inzwischen als sehr gute Freunde ansehe.

Dieses Buch gibt mir nun die Möglichkeit, viele dieser Erfahrungen und Kenntnisse weiterzugeben, und ich hoffe, dass der eine oder andere Tipp Ihnen, liebe Leser, hilft toll fliegende Modellflugzeuge zu bauen, zu fliegen und unser fantastisches Hobby stressfrei zu genießen. Als Beispiel soll hier der Cabby dienen, ein kleiner Depronhochdecker der sehr universell einsetzbar ist.

Meine Suchoi SU 37 Terminator mit Schubvektorsteuerung, immer noch eines meiner Lieblingsmodelle. Der Downloadplan erschien 2013 in der FOAMIE

Über den Autor

Im Jahre 1976 stand ich, gerade zwölf Jahre alt geworden, vor der großen Entscheidung meine 20 DM, die ich von meiner Oma zum Geburtstag bekommen hatte – damals übrigens verdammt viel Geld für einen Jugendlichen – in unserem örtlichen Spielwarengeschäft sinnvoll einzusetzen. Mein Wunsch war eigentlich die Actionfigur Big Jim, Leser in meiner Generation kennen die sicherlich noch. Schließlich war der gerade absolut „in", „hip" sagten wir damals noch nicht. Doch es kam ganz anders. Der Bausatz des kleinen UHU von Graupner hatte mich erblickt und schrie laut „Kauf mich…". Big Jim stand plötzlich nicht mehr im Mittelpunkt meines Interesses und ich ging mit dem Bausatz voller Balsa- und Sperrholz-

▲▼ Cabby ist ein kleiner Depronhochdecker im Stil der Trainermodelle der 70er Jahre wie zum Beispiel des Graupner Taxi

teilen, Bespannpapier und UHU-Hart nach Hause.

Naja, was nun folgte kann man als klassische Modellbaukarriere bezeichnen, Dandy mit 0.8 ccm Cox Motor, Taxi mit einem 5 ccm OS und einer Multiplex Europa 4, 27 MHz-Anlage. Danach folgte ein Charly von WIK mit einem 10er Webra Blackhead und so weiter und so weiter. Im Laufe der Jahre lernte ich sogar meine Frau über die Modellfliegerei kennen, sie ist die Schwester eines Modellflugkollegen – was will man mehr. Die Modelle wurden dann immer größer und teurer, dem wettbewerbsmäßigen Modellsegelflug galt inzwischen mein Hauptinteresse im Modellflug. Ende der 90er Jahre hielten dann die ersten Brushlessmotoren, Lipozellen und Depron Einzug in die Modellbauwelt, und ermöglichten es in der Winterpause in der Sporthalle zu fliegen. Diese Sparte war absolut mein Ding und ich erinnere mich gerne daran mit Freunden am Küchentisch zu sitzen, alte CD-Laufwerke vom Elektroschrott auszuschlachten und daraus Motoren zu wickeln. Vor ein paar Jahren lernte ich dann Jürgen Bestenlehner auf einem Wasserflugtreffen kennen. Wasserflug, Depronmodelle jenseits von Shockflyern, das war faszinierend und begeistert mich seither. Jürgen war es auch, der mir einen Platz in den Indoorshows auf den großen Modellbaumessen in Karlsruhe, Sinsheim und Friedrichhafen besorgte.

Jürgen Bestenlehner arbeitete damals schon für den VTH-Verlag, und so blieb es nicht aus, dass er mich auch hier vorstellte und es zu einer erfolgreichen Zusammenarbeit mit dem Verlag kam. Mittlerweile habe ich etwa 70 Fachartikel in verschiedenen Heften des VTH veröffentlicht, eine 90-minütige DVD produziert und nun eben dieses Buch geschrieben.

Heute, nach über 40 Jahren und einem kleinen Ausflug in die manntragende Fliegerei, habe ich weiterhin sehr viel Spaß am Modellflug. Ich konstruiere, baue und fliege fast alles, vom nur wenige Gramm leichten Indoormodell bis hin zu ausgewachsenen Turbinenjets.

Ja, auch das bin ich, also der Taucher, nicht einer der Haie. Auf Modellbaumessen und Flugtagen mache ich auch gerne mal ein bisschen Blödsinn, wie hier im Showblock bei der F3P-Weltmeisterschaft in Coburg

1 Materialien

1.1 Depron

Das Grundmaterial für unser Modell ist Depron, eigentlich als Isoliermaterial gedacht, wurde es etwa 2004 von uns Modellbauern entdeckt. Depron ist ein hervorragender Werkstoff zum Bau von leichten Modellflugzeugen. Chemisch gesehen handelt es sich dabei um einen extrudierten Polystyrol-Hartschaum in Plattenform. Erhältlich ist es in Stärken von 3 und 6 mm, die Standardgröße einer Platte beträgt 1.250×800 mm. Die Dichte des weiß eingefärbten Materials liegt bei den 3-mm-Platten bei ca. 115 g/m², bzw. ca. 40 kg/m³, bei den 6 mm starken Platten bei ca. 190 g/m², bzw. bei 33 kg/m³. Depron hat zudem eine deutliche Faserrichtung, diese verläuft in der Richtung, in der der grüne Schriftzug aufgedruckt ist.

Depron lässt sich hervorragend bearbeiten, saubere Schnitte lassen sich sehr einfach mit einem scharfen Hobbymesser oder

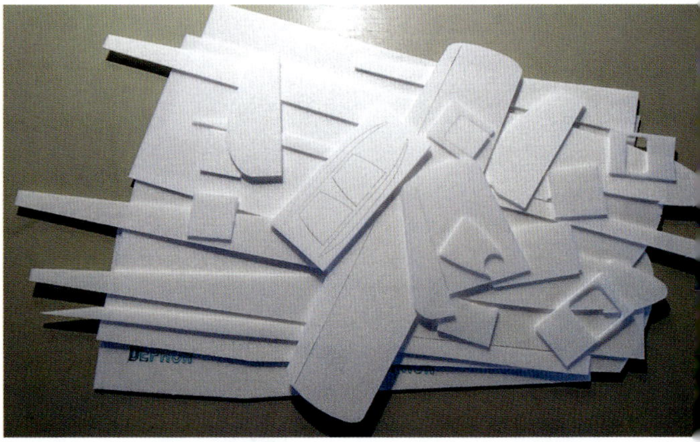

Depron ist ein fantastischer Werkstoff für Modellbauer, hier ein Frästeilesatz des Cabby

Auf diesen Tragflächenelementen eines Slowly ist deutlich die Faserrichtung des Depron erkennbar

Typische Wettbewerbsmodelle der Klasse F3P, der Trend geht hierbei zu immer weniger Depron und zu mehr Kohlefaser

einem Skalpell erzielen, es lässt sich sehr gut schleifen und auch die Bearbeitung der Platten mittels einer CNC-Fräse klappt reibungslos. Etwas mehr Aufwand erfordert allerdings das Tiefziehen des Materials. Da es sich bei Depron um ein Isoliermaterial handelt, welches somit eine sehr geringe Wärmeleitfähigkeit besitzt, ist es relativ schwierig, Depron gleichmäßig zu erwärmen um es tiefzuziehen.

Mit seinen Stärken von 3 und 6 mm haben wir schon eine gute Basis für eine große Anzahl von Konstruktionen. Wenn wir uns allerdings an den Bau von sehr kleinen und leichten Modellen wagen möchten, gibt es auch noch die Möglichkeit das Depron zu spalten und so auf Stärken von bis zu 0,5 mm zu kommen.

Neben dem, unter dem Markennamen „Depron®" von der Firma Glutolin vertriebenem Material gibt es auf dem Markt weitere ähnliche Produkte. Insbesondere Isolierplatten mit Kaschierungen, Karton oder diverse Aluminiumfolien etc. sind aber für unsere Zwecke eher ungeeignet. Ich habe die besten Erfahrungen mit Original Depron und Depron Aero gemacht, alle Bearbeitungshinweise in diesem Buch beziehen sich daher auch ausschließlich auf diese Materialen.

1.2. Depron Aero

Für bestimmte Zwecke gibt es eine Alternative zum Original Depron. Depron Aero hat ein um ca. 15 g/m² geringeres Gewicht und eine nicht so stark ausgeprägte Faserrichtung wie das Original. Das Material ist allerdings deutlich „wabbeliger". Eingesetzt werden kann es dort wo insbesondere die Faserrichtung störend sein kann, in gewissem Maße sogar bei sphärisch gebogenen Oderflächen. Sinnvoll mit CFK verstärkt ist Depron Aero dem normalen Depron in einigen Bereichen überlegen, insbesondere die F3P-Szene (Indoorkunstflug) setzt das Material gerne ein. Entwickelt wurde Depron Aero durch den mehrfachen deutschen Meister im Indoorkunstflug, Martin Müller.

1.3. EPP

EPP steht für **E**xpandiertes **P**oly**p**ropylen und bezeichnet einen ebenfalls unter Modellbauern sehr beliebten Werkstoff. Im Gegensatz zum Depron besteht er jedoch nicht aus Polystyrol, sondern aus Polypropylen, einem Kettenpolymer des Propens.

Die beiden Materialien unterscheiden sich nicht nur in ihren chemischen Eigenschaften, sondern auch in ihren mechanischen. Ursprünglich unter anderem als Pralldämpfer für die Autoindustrie entwickelt gehen noch heute ca. 80 % des Materials in diese Branche.

EPP-Platten unterschiedlicher Stärken, Dichten und Farben

Gerade seine hervorragende mechanische Belastbarkeit und Elastizität macht es auch für unsere Zwecke sehr gut nutzbar. Bedingt durch sein erheblich höheres Gewicht gegenüber dem Depron sollte es jedoch nur dort eingesetzt werden, wo größere Belastungen auftreten. EPP ist in vielen verschiedenen Farben und Formen erhältlich. Für unsere Zwecke eignen sich meist Platten und Blöcke in den Stärken 3 mm bis 150 mm mit einer Dichte zwischen 20 g/Liter bis 60 g/Liter.

Bearbeiten lässt sich EPP ähnlich dem Depron, durch seine Zähigkeit werden die Werkzeuge wie Klingen und Fräser allerdings stärker belastet und somit schneller stumpf. EPP ist zudem, anders als Depron, lösemittelbeständig, was gerade im Bereich Kleben und Lackieren Vorteile bringt.

1.4. CFK und GFK

Faserverbundstoffe wie CFK (**K**ohle**f**aserverstärkter **K**unststoff) und GFK (**G**las**f**aserverstärkter **K**unststoff) sind in der mannstragenden Luftfahrt und im Fahrzeugbau nicht mehr wegzudenken. Geringes Gewicht bei hervorragenden mechanischen Belastbarkeiten sind bei diesen Materialen genau die Eigenschaften, die sie auch für den Modellbaubereich sehr interessant machen, gerade in Kombination mit Depron.

Sie bestehen in der Regel aus Glasfasern/Kohlefasern in Verbindung mit Epoxid- oder Phenolharzen. Für uns Modellbauer interessant sind hier insbesondere CFK-Profile, als Flachprofil z.B. 3×1 mm als Verstärkung für Depronplatten oder Rundprofile mit ca. 0,5-3 mm als Anlenkungen, Fahrwerks- oder Flächenstreben.

Aber auch dünnes Plattenmaterial wird gerne, zum Beispiel als Motorspant oder zur Herstellung von Ruderanlenkungen, verwendet.

Wenige zehntel Millimeter starke CFK-Rundstäbe als Verstärkung der Deprontragfäche am Aeromusicalmodell des mehrfachen F3P-Weltmeisters Gernot Bruckmann

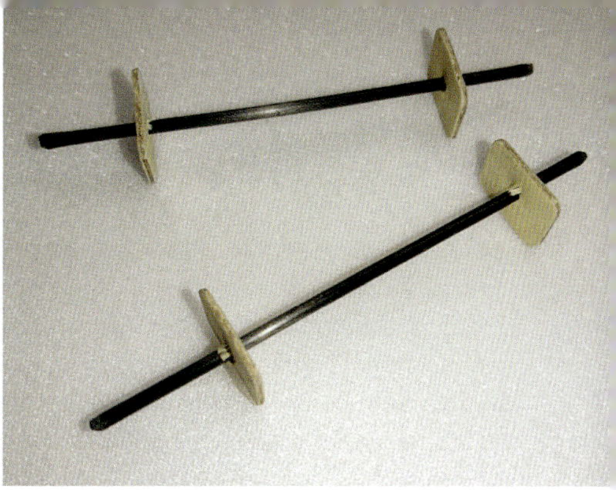

2 mm starke CFK-Stäbe als Befestigungspunkte für die Gummis der Tragflächenbefestigung des Cabby

Verarbeiten lassen sich die Profile und Platten aus Verbundwerkstoffen in der Regel wie Holz. Sägen, Bohren, Fräsen und Schleifen ist möglich. Gerade bei diesen spanabhebenden Bearbeitungsverfahren ist aber auf alle Fälle auf einen ausreichenden Gesundheitsschutz zu achten, da gerade die Carbonpartikel im Verdacht stehen, krebserregendes Potential zu haben. So ist es z.B. gut möglich, CFK-Profile bis zu einer Dicke von ca. 2 mm statt mit einer hochdrehenden Trennscheibe mit einer einfachen Haushaltsschere zu durchtrennen und so die Bildung von feinen Partikeln zu vermindern.

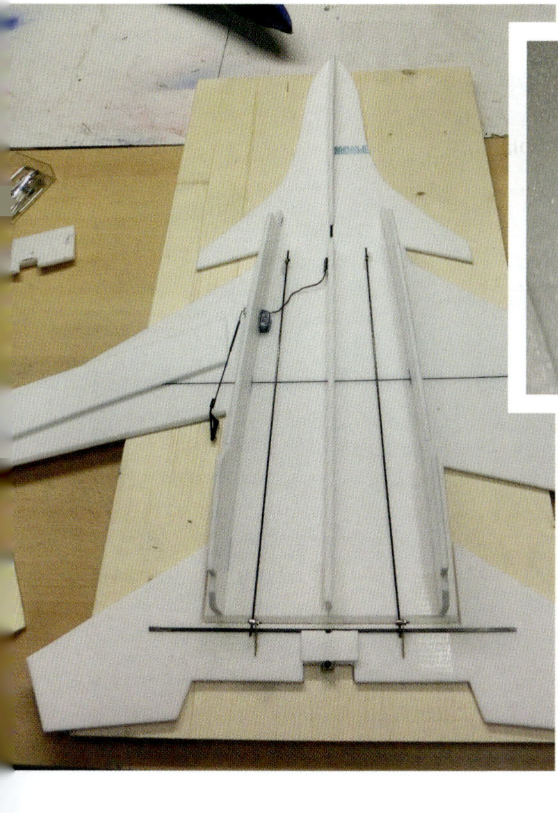

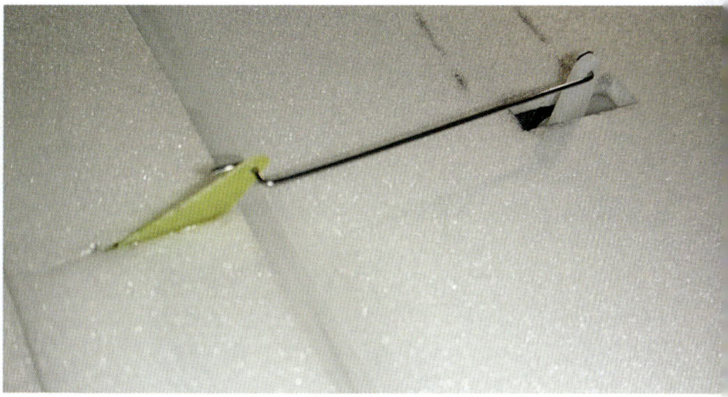

Aus 0,5 mm starkem GFK-Plattenmaterial hergestelltes Ruderhorn am Querruder des Cabby

◂ Bei der SU37 Terminator werden CFK-Stäbe und Profile als Schubstangen, Tragflächen- und Höhenruderverstärkung eingesetzt

1.5. Holz

Auch das gute alte Balsa- und Sperrholz findet natürlich Einzug in den Bau von Modellflugzeugen aus modernen Materialien. Zum Verstärken von stark beanspruchten Stellen ist Holz häufig sinnvoller als Verbundmaterialien. Meist sogar noch etwas leichter als CFK/GFK ist es in der Regel häufiger verfügbar, leichter und ungefährlicher in der Verarbeitung. Im Gegensatz zu den Kunststoffmaterialien kann aber eine Imprägnierung des Holzes nötig sein, wenn man das Modell auch beim Wasserflug einsetzten möchte.

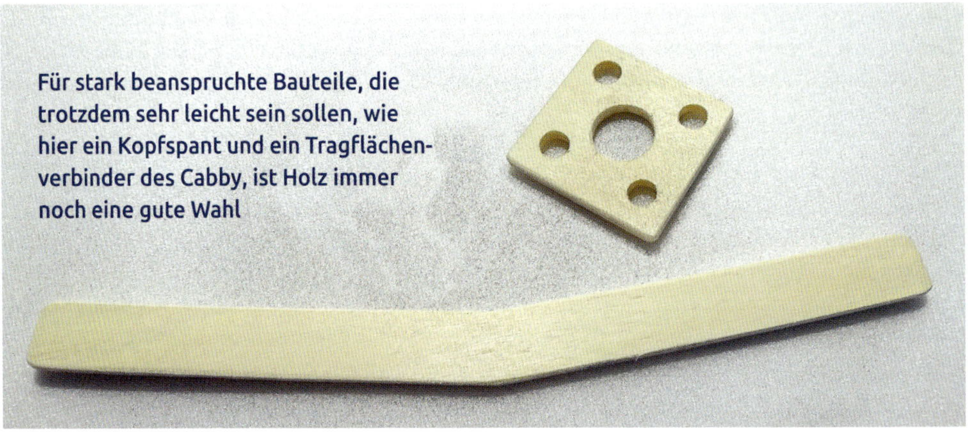

Für stark beanspruchte Bauteile, die trotzdem sehr leicht sein sollen, wie hier ein Kopfspant und ein Tragflächenverbinder des Cabby, ist Holz immer noch eine gute Wahl

Hier die zentrale Holzunterkonstruktion der Lisa 200. In ihr laufen die Kräfte der Tragflächensteckungen und des Fahrwerks, beziehungsweise der Schwimmer zusammen

2 Klebstoffe

Eine kleine Auswahl von Klebstoffen die beim Bau von Schaummodellen eingesetzt werden

Allen Materialien gemein ist, dass sie miteinander verbunden werden müssen. Im Modellbau üblich ist die Verbindung über das Verkleben. Wie die Anzahl der Materialien recht vielfältig ist, so gibt es auch unzählige Klebstoffe und Klebetechniken. Natürlich sind nicht alle Verfahren und Stoffe für unsere Zwecke geeignet. Folgende Verklebungsarten haben sich jedoch bewährt.

2.1. Kontaktklebstoffe

Gerade bei Verklebungen von Schaummaterialien untereinander haben sich Kontaktklebstoffe sehr bewährt. Der bekannteste Vertreter dieser Klebstoffart im Modellbau ist UHU-Por. Bei dieser Klebstoffart werden beide zu verklebenden Teile dünn mit dem Klebstoff eingestrichen. Nach einer gewissen

Ablüftzeit, in der Regel ca. 5-15 Minuten, können dann beide Teile miteinander verbunden/verpresst werden. Der Vorteil dieses Klebeverfahrens ist auch direkt sein Nachteil, zum einen kann die Verklebung direkt belastet werden, zum anderen sind dadurch natürlich keine Korrekturen mehr möglich. Die Klebekraft ist bei Kontaktklebstoffen nur von der Kraft des Zusammenpressens abhängig und nicht von dessen Dauer.

Schaumverträgliche Kontaktkleber wie UHU-Por oder Stanger Moosgummi- und Styroporkleber sind die Standardklebstoffe für Depronmodelle

Weil bei UHU-Por als Lösemittel Leichtbenzin/Waschbenzin verwendet wird, eignet er sich hervorragend für die Verklebung von ansonsten lösungsmittelempfindlichen Stoffen auf Polystyrolbasis, wie unserem Depron. Genau diese Löslichkeit des Kunstkautschukklebers mittels Leichtbenzin ist ein weiterer Vorteil von UHU-Por. Sollte eine Verklebung mal nicht so geklappt haben wie gewünscht, kann der Klebstoff mit Leichtbenzin wieder gelöst werden. Beim Bau meiner Lisa 200 hat mir dieser Umstand übrigens sehr gut geholfen. Das Modell hat eine aufwendig gebaute Tragfläche aus einem Holm aus Holz, CFK, Aluminium und Depron, Rippen aus Holz und Depron und einer Vollbeplankung aus 3 mm starkem, gewalktem Depron. Leider hat sich beim Verkleben einer der beiden Tragflächen ein Verzug eingeschlichen, den ich erst nach der Lackierung und dem Erstflug bemerkt hatte. Mittels eines Pinsels und Waschbenzin konnte ich vorsichtig die untere Beplankung der Rippenflächen rückstandfrei und ohne Beschädigung lösen und die Tragfläche neu verkleben.

Mit Waschbenzin/Leichtbenzin lassen sich Verklebungen mit Kontaktklebern wieder lösen

UHU-Por ist im Auslieferungszustand schon recht zähflüssig, auch nach längerer Lagerzeit, gerade in dem preiswerten 1-kg-Gebinde, steigt die Viskosität durch die Verdunstung des Lösemittels. Abhilfe schafft hier wieder das Waschbenzin/Leichtbenzin, hiermit lässt sich der Klebstoff durch einfaches Verdünnen auf die gewünschte Viskosität einstellen.

Klebstoffe mit Polystyrol verträglichen Lösemitteln gibt es einige am Markt, neben UHU-Por habe ich auch mit dem Moosgummi- und Styroporkleber von Stanger gute Erfahrungen gemacht. Dieser hat zudem den Vorteil, dass er nicht so schnell vergilbt.

▲▶ Sekundenkleber sind ebenfalls sehr universell einsetzbar, hierbei muss aber auf eine Verträglichkeit mit den verwendeten Materialien geachtet werden

2.2. Cyanacrylatkleber

Umgangssprachlich als Sekundenkleber oder Superkleber bezeichnet sind Cyanacrylatkleber auch im Modellbau inzwischen nicht mehr wegzudenken. Diese Klebstoffe sind in verschiedenen Viskositäten erhältlich und können je nach Einsatzzweck vielfältig eingesetzt werden. Sie härten innerhalb von Sekunden, eher Minuten aus, kleben dabei sehr stark und bilden eine eher feste und spröde Verklebung. Für Verklebungen weicher und flexibler Schaumteile untereinander sind sie daher weniger geeignet. Es gibt zwar inzwischen auch schaumverträgliche Sekundenkleber, eine Verklebung von Depronteilen bricht aber unter Belastung in der Regel direkt neben der Klebestelle. Sehr gut geeignet sind Cyanacrylatkleber jedoch bei der Verbindung von harten Materialien untereinander, z.b. CFK/GFK, Holz, festere Kunststoffe oder auch bei Metallen.

Sekundenkleber härten über die Luftfeuchtigkeit aus, ein leichtes Anhauchen kann daher den Aushärtevorgang beschleunigen. Aktivatorsprays beschleunigen das Aushärten des Cyanacrylatkleber zwar ebenfalls, dies geschieht jedoch meist auf Kosten der Haltbarkeit, sodass man hiervon eher absehen sollte, außerdem sind diese meist basisch und somit in der Regel nicht hautverträglich.

Da es sich beim Aushärten um eine exotherme chemische Reaktion handelt (es wird Wärme freigegeben) ist der Umgang mit Sekundenklebern nicht ganz ungefährlich. Zum einen können Schaumteile durch die Reaktionswärme schmelzen, zum anderen können durch verschütteten Klebstoff auf der menschlichen Haut sogar Verbrennungen entstehen. Daher sollte man mit diesen Klebstoffen stets Vorsicht walten lassen.

2.3. Epoxydharze

Ein weiterer Klebstoff der im Modellbau häufig eingesetzt wird ist schnellbindendes Epoxidharz, umgangssprachlich 5-Min-Ep-

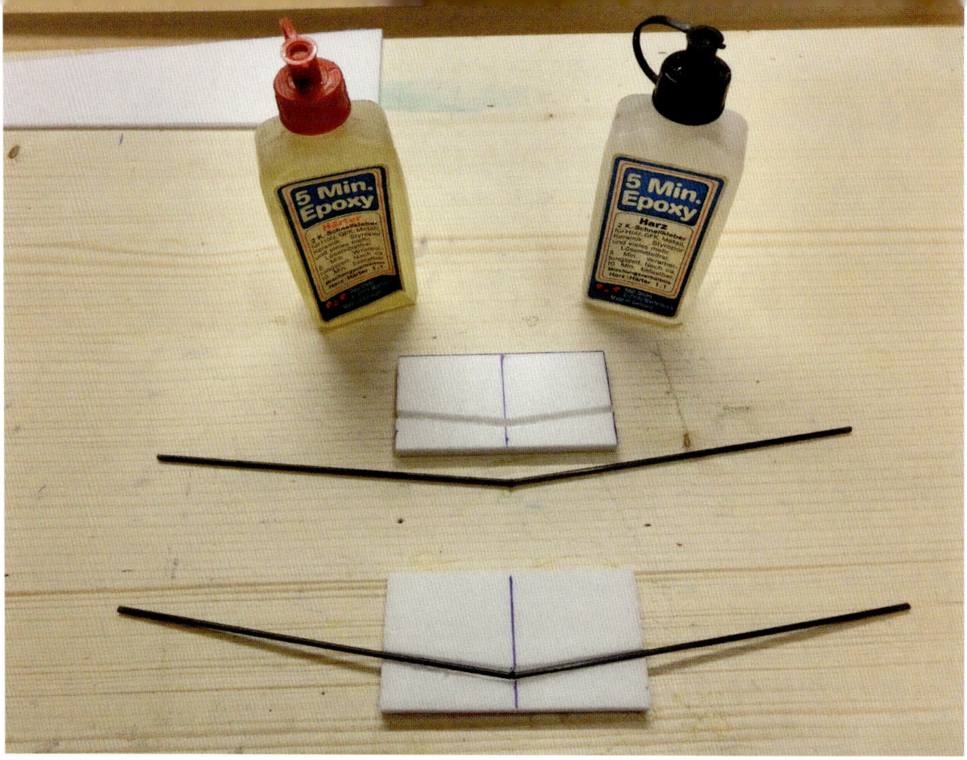

▲▼ Wenn es sich um eine stark belastete Verklebung handelt, die aber etwas elastisch bleiben soll, bietet sich 5-min-Epoxy an, wie hier bei den Tragflächensteckungen und dem Fahrwerk meines Evans Volkplanes VP1. Die Radachsen sind mit GFK-Winkeln, Sekundenkleber und Zwirngarn mit den Fahrwerksbeinen befestigt

oxy genannt. Hierbei handelt es sich um einen Zweikomponenten-Klebstoff, die Reaktion des Aushärtens erfolgt erst, wenn beide Komponenten, Harz und Härter, miteinander vermischt sind. Epoxidharz ist dann erste Wahl, wenn die Verklebung eher hohen Beanspruchungen standhalten muss, z.B. zum Einkleben eines Holzmotorspants in ein Depronmodell, oder auch für Fahrwerksbeine aus CFK/Stahl in einen Sperrholzspant. Diese Verklebungen sind sehr fest, bleiben aber trotzdem in einem gewissen Maß elastisch. Somit sind Epoxidharze auch gut für die Verklebung von starren Bauteilen mit elastischen Bauteilen verwendbar.

2.4. Polyurethankleber

Auch PU-Leim oder PUR-Leim genannt sind leicht aufschäumende einkomponentige Klebstoffe. Sie sind lösemittelfrei und somit auch für EPS-Schäume (Depron) geeignet. Sie härten eher langsam über die Luftfeuchtigkeit aus, wobei sie sich ausdehnen und somit auch spaltfüllend wirken können. Im Bereich des Depronmodellbaus werden sie sehr gerne genutzt um z.B. Streben aus CFK in Depron einzukleben. Durch das leichte Aufschäumen wird eine großflächigere Verklebung und dadurch eine bessere Krafteinleitung erreicht.

Beli-Zell ist ein leicht aufschäumender Polyurethankleber

Beachten sollte man, dass die zu verklebenden Teile beim Aushärten fixiert werden damit sie sich durch das Aufschäumen des Klebstoffes nicht verschieben. Ein typischer Vertreter der Polyurethankleber ist das im Modellbauerkreisen bekannte Beli-Zell.

2.5. Heißkleber

Eher selten wird bei Depron hingegen Heißkleber/Schmelzkleber eingesetzt. Der ca. 200 Grad Celsius heiße Klebstoff schmilzt das Depron sofort. Bei Verklebungen temperaturbeständigerer Materialien wie z.B. EPP hingegen kann Heißkleber sehr gut verwendet werden.

Er erkaltet recht schnell und härtet somit schnell aus und die Verklebung bleibt in gewissem Maße elastisch. Ansonsten ist er recht preiswert aber auch relativ schwer. Wie bei allen Klebstoffen muss auch beim Heißkleber auf Sicherheit geachtet werden, die Düsen der Klebepistolen und auch der austretende Klebstoff können mit 200-250 Grad Verbrennungen verursachen.

Mit einer Heißklebepistole sollten nur wärmebeständige Materialien verklebt werden. Für Depron ist Heißkleber nicht geeignet, für EPP hingegen sehr

2.6. Holzleim/Weißleim

Hinländlich bekannt in Modellbaukreisen ist natürlich der Weißleim wie z.B. Ponal. Für Verklebungen von Holzteilen untereinander ist er perfekt geeignet. Bei Weißleim handelt es sich um einen einkomponentigen Kunstharzleim auf Basis von Polyvinylacetat. Er härtet eher langsam aus und bildet eine leicht elastische Verbindung. Verklebungen von Depronteilen sind zwar mit Weißleim möglich, aber nicht so haltbar wie z.B. mit UHU-Por.

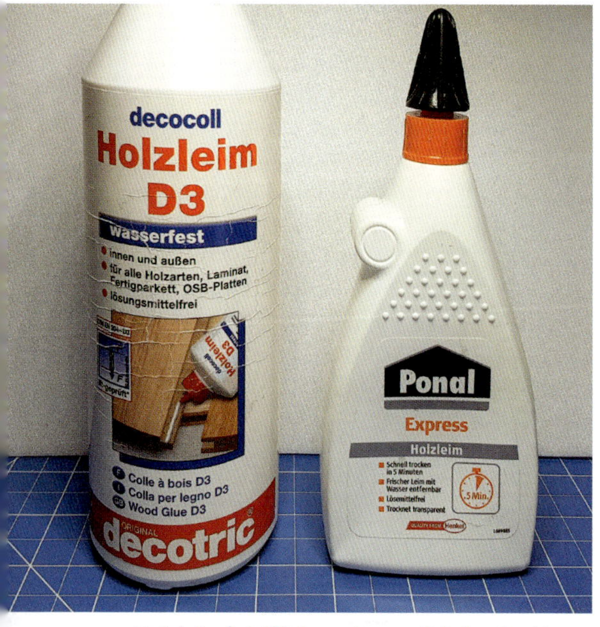

Holzleim/Weißleim, wie er seit jeher im Modellbau eingesetzt wird, ist perfekt für Holzverklebungen

2.7. Sprühkleber

Zu guter Letzt darf Sprühkleber natürlich nicht fehlen in dieser Aufzählung, ich bevorzuge hier übrigens UHU Sprühkleber 3in1. Am Modell selber wird der Kleber zwar nicht verwendet, aber während des Baus ist er ein gutes Hilfsmittel um zum Beispiel Schablonen temporär auf dem Depron zu befestigen. Diese Schablonen können zum Übertragen des Plans auf das Depron genutzt werden oder zum Aufbringen von Lackierungen, Schriftzügen und Logos.

Bei allen Klebstoffen sollte man natürlich grundsätzlich prüfen, ob sie für die vorgesehene Verbindung geeignet sind. An einem Reststück lässt sich das in der Regel gut ausprobieren. Da es sich bei allen Klebstoffen um mal mehr, mal weniger gefährliche chemische Verbindungen handelt, sollte man in jedem Fall auch die Gebrauchsanweisung und die Warnhinweise auf den Verpackungen beachten.

3 Werkzeuge

Benötigt werden nur Standardwerkzeuge wie sie fast jeder Zuhause hat, so einfach könnte man das folgende Kapitel zusammenfassen.

Nicht umsonst hat sich der Werkstoff Depron in den letzten Jahren so im Flugmodellbau verbreitet. Neben vielen anderen Vorzügen gegenüber herkömmlichen Werkstoffen, bietet Depron den der einfachen und vor allen Dingen auch sauberen Verarbeitung. Es werden keine teuren Maschinen oder Werkzeuge benötigt. Klar, mit einer CNC-Fräse lassen sich hervorragend Teile aus Depron fräsen, aber die hat ja nicht jeder in der Werkstatt stehen. Ein scharfes Messer und natürlich ein wenig Geschick und Geduld reichen aus, um ein ebenso gutes Ergebnis zu erreichen.

3.1. Standardwerkzeuge

Somit sind wir auch schon beim wichtigsten Tool was wir benötigen, dem Messer. Sehr gut bewährt haben sich in den letzten Jahren einfache Hobbymesser mit Abbrechklingen, sowie verschiedene weitere Hobbymesser und Skalpelle. Gerade für feine Formen bieten sich diese etwas hochwertigeren Messer an. Eines jedoch ist absolute Grundvoraussetzung für den Erfolg: die Klinge muss scharf sein! Mit einem stumpfen Messer franst das Depron aus und das Bauteil ist in der Regel nicht zu gebrauchen. Wechseln Sie daher lieber einmal mehr die Klinge statt einmal zu wenig.

Die Auswahl an Werkzeug um ein Depronmodell zu bauen beschränkt sich auf Werkzeuge, die eigentlich jeder Zuhause hat

Sehr wichtig zum Schneiden von Depron sind scharfe Messer in verschiedenen Formen

Bei einem sauberen Schnitt benötigt man das nächste Werkzeug meist gar nicht mehr. Trotzdem müssen Kanten abgerundet oder abgeschrägt werden, hierzu verwendet man Schleifpapier unterschiedlicher Körnung. Bewährt hat es sich hier, Papier mit den Körnungen 200, 400 und 600 auf verschiedene kleine Schleiflatten aus Holz mit den Maßen 200×20 mm zu kleben. Nützlich ist auch ein rundes Stück Holz, einen Bleistift oder ähnliches mit Schleifpapier zu bekleben. Damit lassen sich wunderbar Rundungen oder Bohrungen ausschleifen.

Eine gute Zugsäge/Japansäge sollte in keiner Modellbauwerkstatt fehlen. Die Kataba Resturo Säge erhalten Sie übrigens im VTH-Shop

Zum Übertragen des Plans und zum Ausmessen von Teilen sind Lineale und Geodreiecke unentbehrlich. Sehr hilfreich sind auch ein 800 mm langes Alulineal, ein Stahlwinkel und ein Messschieber.

Für Holzteile empfehlen sich eine Zugsäge/Japansäge und eine Laubsäge. Die perfekte Säge für jeden Modellbauer ist meiner Meinung nach übrigens die Kataba Resturo Zugsäge, sie ist zwar nicht ganz billig aber ihr Geld absolut wert.

Ansonsten benötigt man noch diverse kleine Schraubendreher und Zangen, eine Pinzette, eine Schere, Kugelschreiber/Faserstift, einen Akkuschrauber/Bohrmaschine und ein Feuerzeug. Ein paar Wäscheklammern und Stecknadeln sowie verschiedene Klebebänder zum Fixieren von Bauteilen sollten ebenfalls nicht fehlen.

Das war es auch schon, natürlich sind eine CNC-Fräse und ein 3D-Drucker eine feine Sache und viele Dinge lassen sich mit diesen Hightech-Werkzeugen inzwischen perfekt und sogar einigermaßen preiswert herstellen, nötig sind sie aber definitiv nicht.

4 Bau eines kleinen Retrotrainers aus Depron – Der Cabby

Cabby ist ein Depronmodell im Stil eines Trainermodells der 1970er Jahre. Als Maßstab wurden hier 66% gewählt. Da die typischen Trainer seinerzeit ca. 1,5 Meter Spannweite hatten, ergibt sich bei der Depronvariante eine Spannweite von ca. 1.000 mm. Gewichtsmäßig liegen natürlich Welten zwischen damals und heute. Der typische Zweiachstrainer der 70er war aus Holz gebaut, wog ca. 2 kg und wurde mit einem Methanolmotor zwischen 3,5 und 6,5 cm³ Hubraum angetrieben. Der kleine Cabby ist aus 3-mm-Depron hergestellt und hat einen 15-g-Brushlessmotor als Antrieb. Das Fluggewicht liegt als Zweiachser mit der empfohlenen Ausstattung bei unter 150 g, in der Querrudervariante bei etwa 170 g.

Cabby kann mit und ohne Querruder gebaut werden, er eignet sich sehr gut, um in ruhiger Luft draußen oder auch in der Halle zu fliegen

4.1. Materialliste

Folgende Materialien und RC-Komponenten werden für den Bau des Cabby benötigt:

- eine Platte 3 mm Depron (1.250×800 mm) oder Frästeilesatz
- 6 mm Depron, ca. 250×200 mm oder Frästeilesatz
- etwas 3 mm dickes, leichtes Pappelsperrholz
- ca. 1.000 mm Stahldraht 1,5 mm Durchmesser
- ca. 1.200 mm CFK-Rundstab 1 mm Durchmesser
- ca. 200 mm CFK-Rundstab 2 mm Durchmesser
- ca. 100 mm CFK-Flachprofil 3×1 mm
- 150×30×0,4 mm transparenter Kunststoff, z.B. aus einer Blisterverpackung
- 0,5 mm dicke GFK-Platte oder 0,8 mm Sperrholz
- Schrumpfschlauch
- drei leichte Räder ca. 40-45 mm Durchmesser
- Gummibänder ca. 60 mm Durchmesser
- Bowdenzugröhrchen und Balsaholzreste
- depronverträgliche Farben
- UHU-Por oder Stanger Styroporkleber
- 5-min-Epoxydharz
- Sekundenkleber
- Zwirnfaden
- zwei kleine Magnete und eine Stecknadel

4.2. Benötigte Komponenten

Meine beiden Cabby-Prototypen und viele bereits gebaute Exemplare sind mit folgenden Antriebs- und RC-Komponenten ausgestattet:

- Motor: T-Motor F20 - 3200kV
- Regler: T-Motor 10 A mit BEC
- Propeller: 5×3,5 Zoll, Zweiblatt
- Akku: 2S 350 mAh Lipoakku
- 2×Servo 4-g-Klasse für Querruder
- 2×Servo 6-g-Klasse für Höhe und Seite
- leichter 4-Kanal

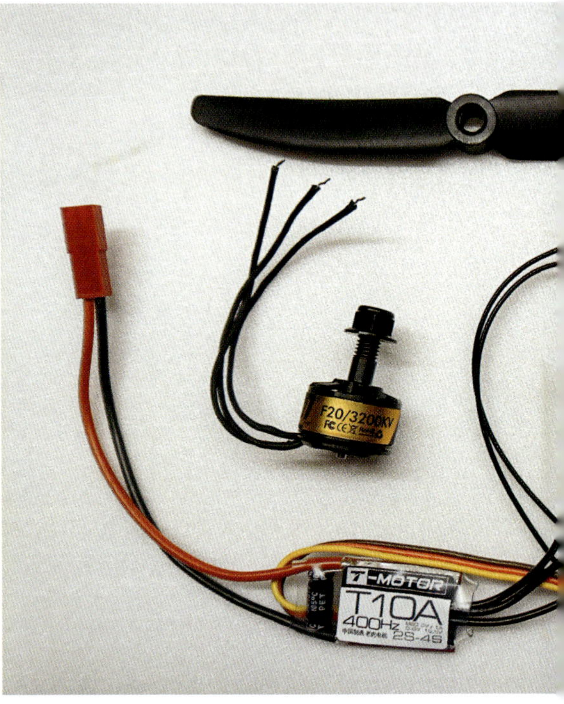

Die verbauten Komponenten sollten immer zum Modell und zum Einsatzzweck passen, folgen Sie hier am besten der Empfehlung des Konstrukteurs

Sicherlich können auch andere als die vom Konstrukteur empfohlenen und meist in mehreren Modellen getesteten Komponenten verbaut werden. Sie sollten sich aber schon in etwa an die Empfehlung des Planautors halten. Ich habe es schon mehrfach erlebt, dass ein Leser ein Modell sauber nachgebaut hat, die Flugleistungen aber leider nicht den Erwartungen entsprachen. Fast immer stellte sich heraus, dass Komponenten verbaut wurden die erheblich schwerer waren als die empfohlenen, weil sie eben vorhanden waren.

Ein kurzes Beispiel dazu. Nehmen wir an, wir bauen statt eines 15-g-Motors einen mit 25 g in den Cabby ein. Dieser benötigt einen größeren Propeller, plus 2 g, möglicherweise einen größeren und stabileren Motorspant, plus 3 g und höchstwahrscheinlich auch ei-

nen größeren und schwereren Akku, plus 15 g. Aus „nur“ 10 g Mehrgewicht sind dann schon mal schnell 30 g geworden, was schon jetzt einer Steigerung des Fluggewichts um ca. 20 Prozent entspricht. Um die zusätzlichen Belastungen durch dieses Mehrgewicht aufzufangen muss unter Umständen die Zelle verstärkt werden, die Flächenholme und auch die Befestigung der Tragfläche sind nun möglicherweise außerhalb ihrer Vorgaben. Auch das Fahrwerk müsste nun möglicherweise verstärkt werden, usw. usw. Wie Sie sehen ist das eine Spirale, die sich sehr schwer wieder stoppen lässt und im Endeffekt dazu führt, dass die Flächenbelastung des Modells immer größer, und die Flugleistungen immer schlechter werden.

Seit den Anfängen der Fliegerei gilt der Satz „Leicht fliegt gut.“ Ich bin ein absoluter Verfechter dieses Grundsatzes. Häufig wird dann gerne das Gegenargument der besseren Durchsetzbarkeit gegen den Wind angebracht. Das mag richtig sein, aber im Ernst, ich passe die Auswahl meiner Modelle in erster Linie den gerade herrschenden Wind- und Wetterbedingungen an. Wenn es zu windig für ein leichtes Modell ist, dann fliege ich lieber eines, welches für diese Bedingungen besser geeignet ist. Daher verfahre ich bei der Konstruktion und beim Bau meiner Modelle immer nach der Maxime „So leicht wie möglich und so stabil wie nötig“. Bei einem Depronmodell in der Größe bis ca. 1,5 Meter Spannweite müssen normalerweise auch nur wenige Bauteile mit Holz oder CFK verstärkt oder daraus hergestellt werden. Das sind in der Regel Bauteile, über die größere Kräfte in die Zelle eingeleitet werden, also der Motorspant, evtl. die Tragflächenaufnahme/-steckung und das Fahrwerk, bzw. dessen Aufnahme. Alle anderen Bauteile sind unter normalen Bedingungen in Ihrer Festigkeit absolut ausreichend, wenn sie aus Depron hergestellt werden.

4.3. Download des Plans

Jetzt wird natürlich der Bauplan benötigt, hierzu haben Sie mehrere Möglichkeiten.

4.3.1. Download über den Abo-Club

Als FMT-Abonnent haben Sie es gut. Der aktuelle FMT-Downloadplan steht für Sie acht Wochen nach Erscheinen des Hefts kostenlos im Abo-Club zum Download bereit.

Gehen Sie dazu einfach auf die Seiten des VTH-Verlages unter www.vth.de und loggen sich dort über „Mein VTH“ mit Ihrer Abonummer und Ihrer Postleitzahl in den Abo-Club ein. Sollten Sie dort noch nicht angemeldet sein ist das ebenfalls schnell erledigt. Ihre Abonummer finden Sie auf Ihrer Abo-Club Mitgliedskarte, oberhalb Ihrer Anschrift auf dem Deckblatt Ihres Heftes oder einfach per Telefon oder Mail beim Verlag.

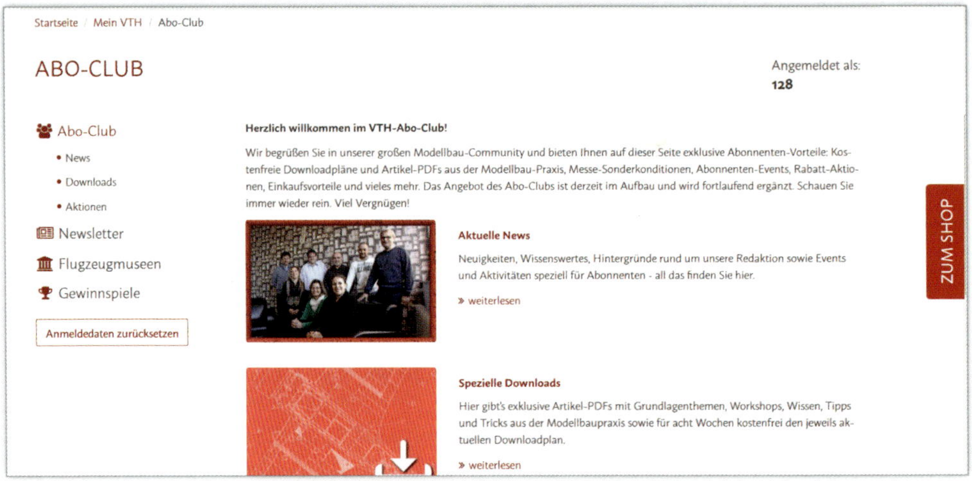

▲ Als Abonnent genießen Sie die Vorteile des Aboclubs, unter anderem kostenlose Downloads von Bauplänen

◀ Ihre Abonummer zum Einloggen finden Sie auf Ihrer Mitgliedskarte oder direkt per Anruf oder Mail beim VTH-Verlag

4.3.2. Download über den VTH-Shop

Auch wenn Sie kein Abonnent der FMT sind, haben Sie natürlich die Möglichkeit an die Downloadpläne zu kommen. Gehen Sie dazu in den VTH-Shop unter www.vth.de, weiter über Downloads und Downloadpläne. Wenn Sie den passenden Plan gefunden haben können Sie ihn und die dazu nötige Baubeschreibung in den Warenkorb legen und nach Bezahlung herunterladen.

Mit dem Download erhalten Sie nicht nur den reinen Plan, das Paket besteht aus folgenden Teilen:

- Baubeschreibung
- Bauplan A0
- Bauplan A4 geteilt
- Bilddatei Fenster
- Bilddatei Schriftzug

Bei der Baubeschreibung handelt es sich um den Originalartikel aus der FMT mit der genauen Beschreibung des Baus. Den eigentlichen Plan finden Sie in zwei Formaten, zum einen als A0-pdf-Datei und als A4-pdf-Datei. Bei letzterem ist der Plan so aufgeteilt, dass er mit einem normalen A4 Drucker ausgegeben werden kann und dann zusammengeklebt werden muss. Außerdem sind in der Downloaddatei noch zwei Bilddateien enthalten die zur Herstellung von Wasserschiebebildern oder Aufklebern genutzt werden können.

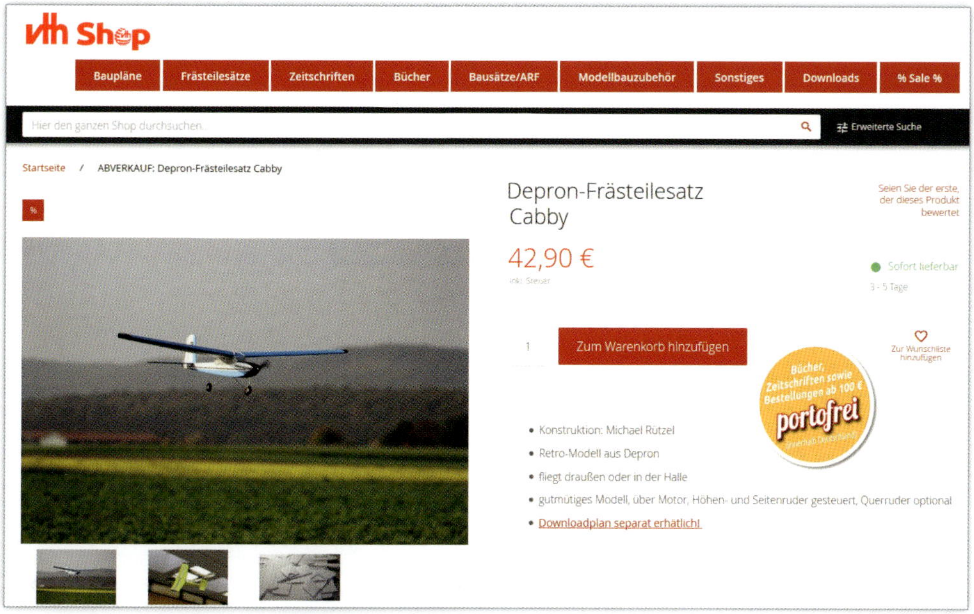

Der Downloadplan und der Frästeilesatz sind im VTH-Shop erhältlich.

4.4. Drucken und Zusammenfügen des Plans

Wer einen DIN A0 Drucker zur Verfügung hat, hat es nun einfach. Die meisten von uns, liebe Leser, werden diesen Luxus jedoch nicht haben. Aus diesem Grund liegt der Plan auch zusätzlich in einer „Selbstbauvariante" für normale A4 Drucker vor.

Zum Ausdrucken des Plans ist ein pdf-Reader nötig, den die meisten sicherlich bereits auf dem Computer haben. Falls nicht empfehle ich Ihnen den kostenlosen Adobe Acrobat Reader DC, den Download des Programms findet man unter www.adobe.com.

Je nach verwendetem Drucker kann es im Ausdruck zu kleinen Abweichungen im Maßstab kommen, schalten Sie daher bitte bei den Druckeinstellungen auf „Tatsächliche Größe". Alle anderen Einstellungen sollten in der Standardkonfiguration bleiben, so sollte der Plan in der richtigen Größe ausgegeben werden. Kontrollieren können Sie dies einfach anhand des auf dem Plan mit ausgegebenem Maßstab.

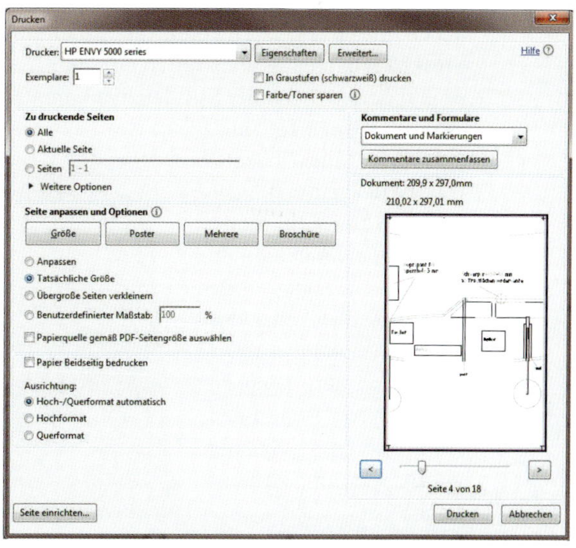

Um den Plan in der richtigen Größe zu drucken, wählen Sie in den Druckeinstellung des Acrobat Reader bitte die Option „Tatsächliche Größe"

Ebenfalls mit ausgedruckt werden auf jedem Blatt Passkreuze in den Ecken. Nutzen Sie diese um die einzelnen Teile des Plans exakt zusammenzukleben. Einfacher geht dies, wenn bei jedem zweiten Blatt die Ränder bis zu den Passkreuzen mit einer Schere abgeschnitten werden. Gestatten Sie mir einen weiteren kleinen Tipp: Drucken Sie sich zwei Pläne aus, den ersten nehmen Sie als Übersichts- und Bauplan der zweite kann zum Ausschneiden der Schablonen genutzt werden.

4.5. Übertrag des Plans auf das Depron

Um den Plan, bzw. die Schnittmuster der Einzelteile auf das Depron zu übertragen gibt es verschiedene Möglichkeiten, eine klassische und eine elegante. Die zweite Variante wurde von meinem guten Freund und Autorenkollege Jürgen Bestenlehner entwickelt.

Bei der klassischen Methode wird eine Schere und ein Kugelschreiber oder ein dünner Faserstift benötigt. Die einzelnen Teile des Modells müssen dabei aus dem Plan ausgeschnitten werden. Anschließend übertragen Sie die Konturen bitte mit dem Stift auf das Depron. Das Schnittmuster sollten Sie dabei mit etwas beschweren oder aber mit Stecknadeln oder Klebestreifen auf dem Depron fixieren. Wenn der Stift leicht an die Papierkante angelegt wird und dann mit lockerer Hand die Konturen nachgefahren werden klappt das recht gut und einfach. Denken Sie bitte daran nicht nur die Außenkanten der Bauteile nachzuziehen, sondern auch die Position von Bohrungen, Ausschnitten, Spanten und Rippen mit zu übertragen.

Die elegante „Bestenlehner-Methode“ benötigt hierzu keine Schere, dafür aber den eingangs schon erwähnten Sprühkleber. UHU Sprühkleber 3in1 hat sich hier sehr bewährt, andere Sprühkleber sollten aber auch funktionieren. Die Schablonen werden hierbei nur grob ausgeschnitten oder aber der komplette Plan, bzw. Teile davon, werden auf das Depron geklebt. Wichtig dabei ist, dass der Sprühkleber nur auf eine Seite der zu verklebenden Teile aufgesprüht wird, in unserem Fall wird er nur auf die Rückseite des Papiers dünn aufgetragen. Lassen Sie nun den Klebstoff mindestens 30 Minuten trocknen, lieber etwas länger als zu kurz. Wenn sich der Klebstoff nur noch sehr leicht

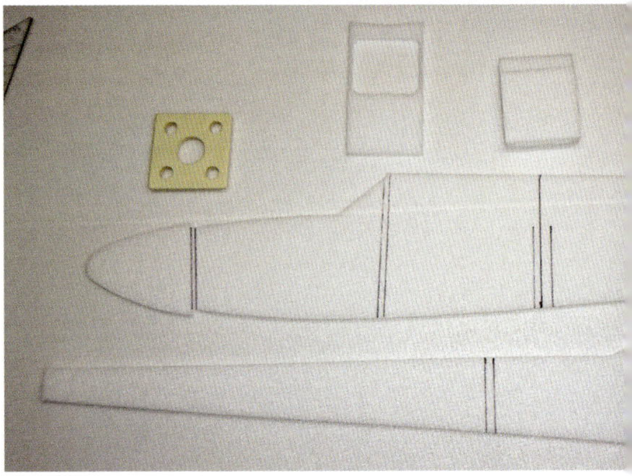

▲▼ Nicht nur die Außenkonturen müssen auf das Depron übertragen werden, auch die Position von Rippen und Spanten ist für den späteren Zusammenbau wichtig

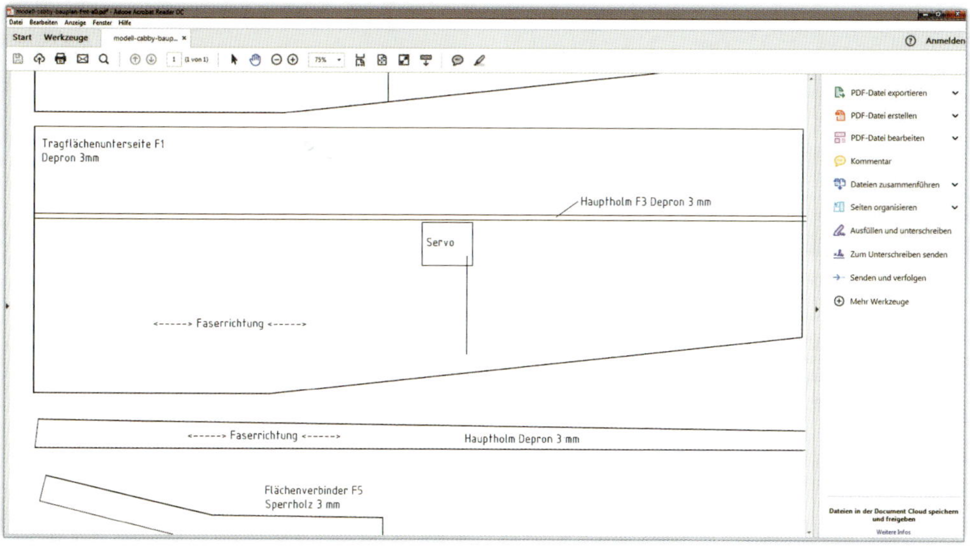

Die Faserrichtung des Deprons ist häufig in den Plänen eingezeichnet, sie verläuft längs des Depronschriftzuges

Bei diesen Tragflächen eines Slowly ist die Faserrichtung des Depron deutlich zu erkennen, was leider nicht bei jeder Charge Depron der Fall ist

klebrig anfühlt können Sie die Schablone auf das Depron legen/kleben. Mit dieser Methode sind die Schablonen leicht wieder ablösbar und mehrfach verwendbar. Die Bauteile werden anschließend einfach – hier unbedingt auf eine neue, scharfe Klinge achten – gleichzeitig durch die Papierschablone und das Depron ausgeschnitten.

Ein sehr wichtiger Punkt, egal welche Methode Sie favorisieren, ist die Faserrichtung des Deprons. Gerade bei Bauteilen die nachher gebogen/gewalkt werden müssen, wie z.B. die Oberseite der Tragflächenbeplankung, muss hier unbedingt bereits beim Aufzeichnen auf die richtige Ausrichtung der Teile geachtet werden. Die Faserrichtung des Deprons verläuft in der gleichen Richtung wie der grüne Depron-Schriftzug. Auf unserem Downloadplan des Cabby ist die Faserrichtung übrigens durch entsprechende Pfeile gekennzeichnet.

4.6. Ausschneiden der Bauteile

Je nach favorisierter Methode zum Übertragen der Schnittmuster auf das Depron erfolgt nun das Ausschneiden der Bauteile, entweder direkt oder im Verbund mit der Papierschablone.

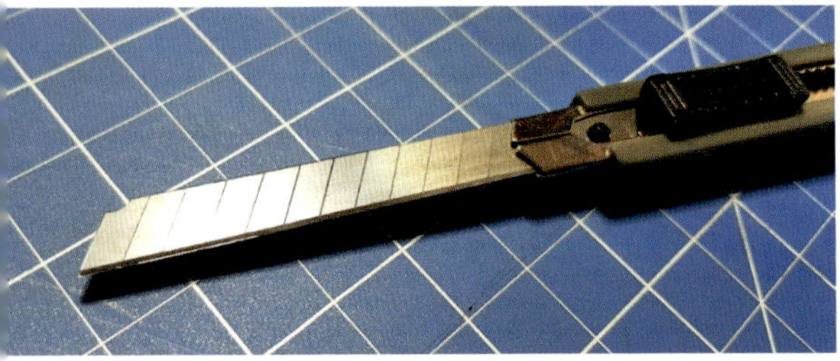

Das Ausschneiden der Bauteile gelingt am besten mit einem Messer mit komplett ausgezogener Abbrechklinge

Neben dem obligatorisch scharfen Messer, ja liebe Leser – ich wiederhole mich hier gerne – ist die Haltung der Klinge eine ganz entscheidende Sache. Ich bevorzuge hier Hobbymesser mit Abbrechklingen. Flach heißt hier das Zauberwort. Ziehen Sie die Klinge komplett aus dem Messer heraus und führen Sie es so flach es geht mit leichtem Druck über das Depron. Versuchen Sie bitte dabei das Messer in einem 90 Grad Winkel zur

Halten sie die Klinge dabei so flach wie möglich, bei steil gehaltener Klinge franst die Schnittkante sehr schnell aus und das Bauteil ist unbrauchbar

Saubere Rundungen und sogar S-Schläge sind mit dieser Schneidemethode möglich

Schnittkante zu halten, je genauer man hier arbeitet umso weniger müssen die Kanten nachher nachgearbeitet werden.

Neben dem Vorteil eines nicht ausfransenden Schnittes hat die lang ausgezogene Klinge unseres Messers noch einen weiteren entscheidenden Vorteil. Nicht nur gerade Schnitte, sondern auch saubere Biegungen bis zu einem erstaunlich engen Radius sind mit dieser Methode möglich. Ich empfehle das Verfahren einfach mal an einem Reststück auszuprobieren, Sie werden überrascht sein wie gut das funktioniert. Mit ein wenig Übung müssen die Schnittkanten anschließend, wenn überhaupt nur gering nachgearbeitet oder nachgeschliffen werden.

4.7. Alternative Frästeilesatz

Eine weitere Möglichkeit, um an exakt gefertigte Bauteile eines Modells zu kommen, möchte ich Ihnen natürlich nicht verschweigen. Zu vielen Modellen, für die ein Downloadplan verfügbar ist, sind im VTH-Shop Frästeilesätze bestellbar. Diese beinhalten in

Für den Cabby und für viele weitere Modelle sind im VTH-Shop Frästeilesätze erhältlich

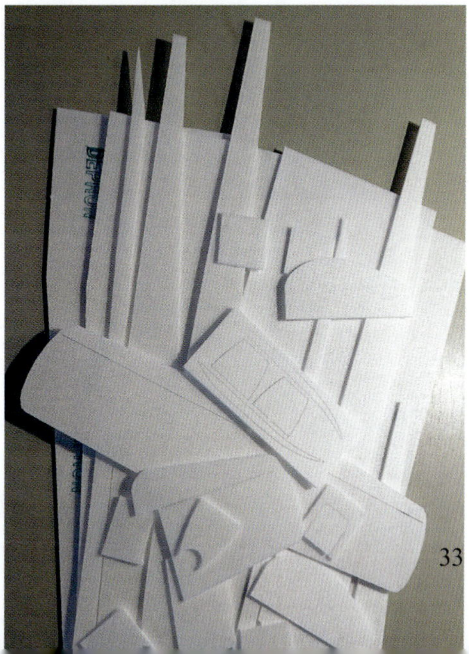

der Regel alle Depronteile, die zum Bau des Modells benötigt werden. Die Frästeilesätze sind auf modernen CNC-Fräsmaschinen erstellt und absolut passgenau. Insbesondere durch die meist vorhandenen Verzahnungen und die absolut winkeligen Fräskanten können die einzelnen Bauteile verzugsfrei zu einem Modell zusammengebaut werden.

4.8. Allgemeine Bearbeitungstipps für Depron

Bevor es am Ende dieses Buches konkret an den Bau unseres kleinen Deprontrainers geht, möchte ich Ihnen zunächst ein paar allgemeine Verfahren und Techniken zum Bearbeiten von Depron zeigen.

4.8.1 Walken

Fangen wir mit dem Walken von Depron an. Häufig werde ich gefragt, wie ich denn die gleichmäßigen runden Flächen hinbekommen habe, wie zum Beispiel die Oberseite der Tragfläche. Zunächst erscheint Depron zwar flexibel, wenn man es biegt bleibt es aber nicht in der gebogenen Form, sondern nimmt seine alte Form wieder an. Wenn man es mit dem Biegen übertreibt wird Depron auch brechen. Natürlich könnte man nun versuchen, das Material mit Wärme zu behandeln, um es besser biegen zu können. Dies funktioniert in einem gewissen Rahmen auch ganz gut, ist aber normalerweise gar nicht nötig. Ich meine hier übrigens nicht das Tiefziehen von Depron, eine faszinierende, aber auch relativ schwierige Art fantastische Formen aus Depron zu zaubern, doch dazu später mehr.

Die Technik, die beim Walken von Depron verwendet wird, ist im Gegensatz dazu total simpel. Dass Depron eine Faserrichtung besitzt habe ich ja schon mehrfach erwähnt, und genau das kommt uns beim Walken zu gute. Das Material wird dabei längs dieser Faserrichtung über eine abgerundete Tischkante gewalkt.

Bei genauem Hinsehen werden Sie merken, dass Depron unterschiedliche Oberflä-

Walken Sie das Depron großflächig, am besten mit beiden Händen, über eine abgerundete Tischkante

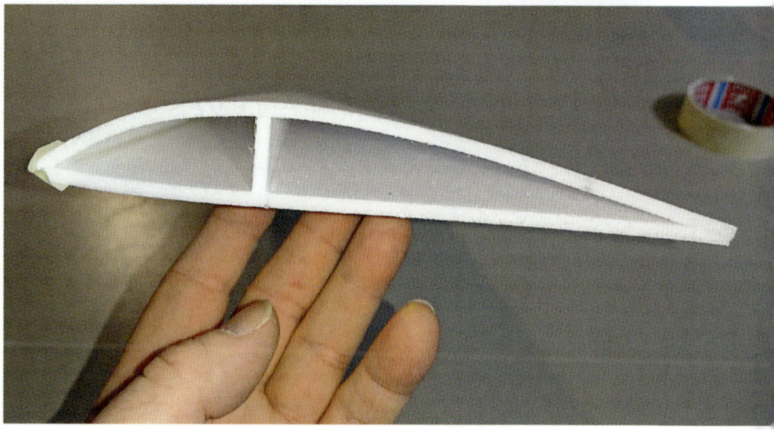

Nach dem Walken behält das Depron die gebogene Form bei und kann somit spannungsfrei verbaut werden

chen besitzt, eine Seite glänzt dabei mehr als die andere. Die glänzende Seite ist zudem etwas spröder als die weniger glänzende Seite, sie lässt sich daher besser stauchen als dehnen, daher sollte beim Walken immer die glänzende Seite unten sein. Beim Walken schiebt man das Depron nun mit leichtem Druck von der Tischplatte über die abgerundete Tischkante und wieder zurück. Mit den Händen sollte das Depron dabei großflächig geführt werden, wobei Schritt für Schritt mehr Druck aufgebaut wird. Der Druck sollte aber nur so stark sein, dass das Depron nicht knickt oder gar bricht. Sie werden merken, dass das Depron mit jedem Durchgang flexibler wird und vor allen Dingen seine Form behält. Walken sie das Material nun soweit bis die Biegung passt, so können Sie die fertigen Bauteile anschließend spannungsfrei verkleben. Sie werden übrigens erstaunt sein wie enge Radien man mit diesem Verfahren herstellen kann. Nehmen sie sich einfach mal einen Moment Zeit, ein Stück Depron, und probieren es mal aus, Sie werden recht schnell ein Gefühl dafür bekommen.

4.8.2 Kleben von Depronteilen

Auf die unterschiedlichen Klebstoffe bin ich anfangs ja bereits eingegangen. Für Verklebungen von Depron hat sich UHU-Por ja als optimal erwiesen. In seiner Eigenschaft als Kontaktkleber wird es dünn auf die beiden zu verklebenden Teile eingestrichen. Anschließend muss es ca. 5-15 Minuten trocknen bis es sich nur noch ganz leicht klebrig anfühlt. Danach können die Teile dann mit leichtem Druck miteinander verbunden werden und sind sofort belastbar. So weit so gut, manchmal lässt sich dieses Verfahren so aber nicht immer durchführen. Ein Beispiel, Sie möchten die CFK-Rundstäbe für die Aufnahme der Tragflächengummis in die Rumpfseitenteile einkleben. Hier bietet es sich an, die Stäbe zunächst in Position zu schieben und sie anschließend außerhalb und innerhalb des Rumpfes mit wenig Uhu-Por einfach

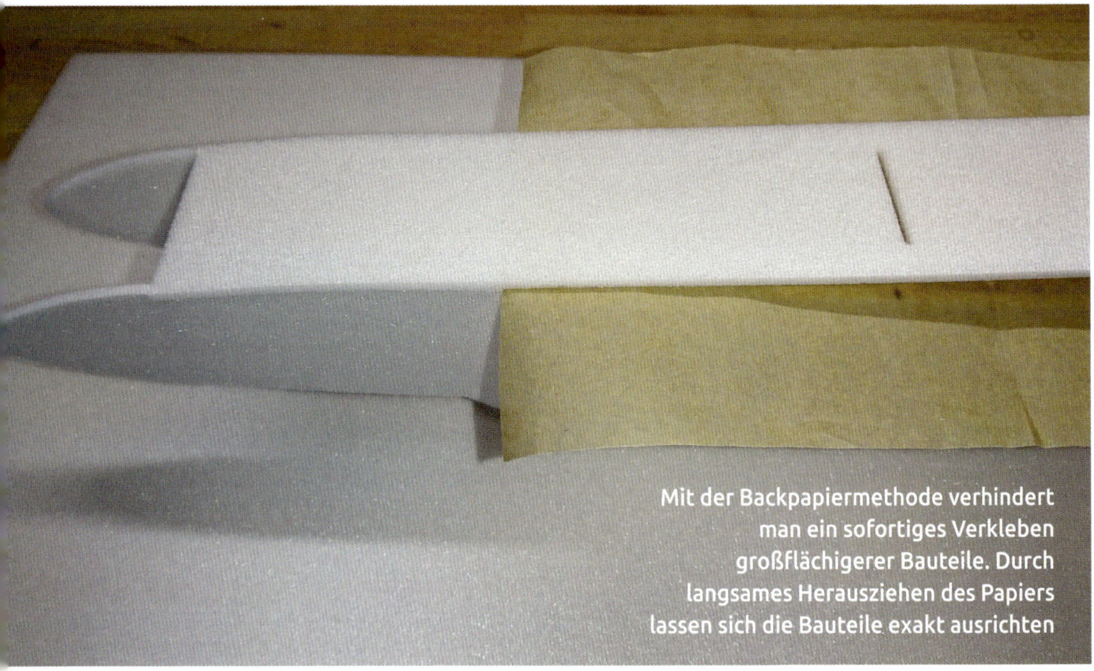

Mit der Backpapiermethode verhindert man ein sofortiges Verkleben großflächigerer Bauteile. Durch langsames Herausziehen des Papiers lassen sich die Bauteile exakt ausrichten

zu vermuffen. Oder aber Sie möchten Teile mit Verzapfungen miteinander verkleben. Bei diesen arbeitet man am besten mit einer Kombination des Kontaktverfahrens und des Nass-in-Nass-Verfahrens. Das bedeutet, dass Sie die Klebestellen, die sich parallel zueinander befinden ablüften lassen, und die Klebestellen, die sich beim Zusammenfügen gegeneinander verschieben, erst kurz vor dem Zusammenfügen mit Klebstoff bestreichen.

Ein weiterer kleiner, aber sehr effektiver Klebetrick stammt ebenfalls von meinem Freund Jürgen Bestenlehner, die so genannte Backpapiermethode.

Diese Klebetechnik ist immer dann sehr nützlich, wenn größere Teile mit zum Teil vielen Klebeflächen mit Kontaktkleber zusammengefügt werde sollen, zum Beispiel beim Verkleben von langen Rumpfböden oder Tragflächenbeplankungen. Besonders auch dann, wenn diese Teile gebogen sind. Bei Kontaktklebern muss ja der erste Versuch klappen. Es gibt zwar die Möglichkeit, die Eingangs beschrieben wurde, die Teile mit Waschbenzin wieder zu lösen. Besser ist es aber natürlich, wenn die Verklebung auf Anhieb ohne Verzug passt. Das Backpapier wird dabei zwischen die zu verklebenden Teile gelegt, anschließend können diese Teile exakt ausgerichtet werden ohne dass sie miteinander verkleben. Stück für Stück wird dann das Backpapier zwischen den Bauteilen herausgezogen und die Klebeflächen verbinden sich miteinander. Da Backpapier beschichtet ist, haftet das UHU-Por nicht an ihm, gleichzeitig trennt es die Klebeflächen so lange voneinander, bis wir sie exakt ausgerichtet haben.

4.8.3 Schleifen von Depron

Depron lässt sich sehr gut schleifen, natürlich sollte man hierbei nur mit kleinen Körnungen und sehr wenig Druck arbeiten.

Etwas schwieriger ist es, wenn z.B. eine rechtwinkelige Verklebung rundgeschliffen werden soll, oder wenn ein Formteil, wie eine Rad- oder Motorverkleidung, das aus mehreren Schichten Depron zusammengeklebt wurde in Form geschliffen werden soll.

Depron lässt sich sehr gut schleifen, natürlich muss man dabei vorsichtig vorgehen

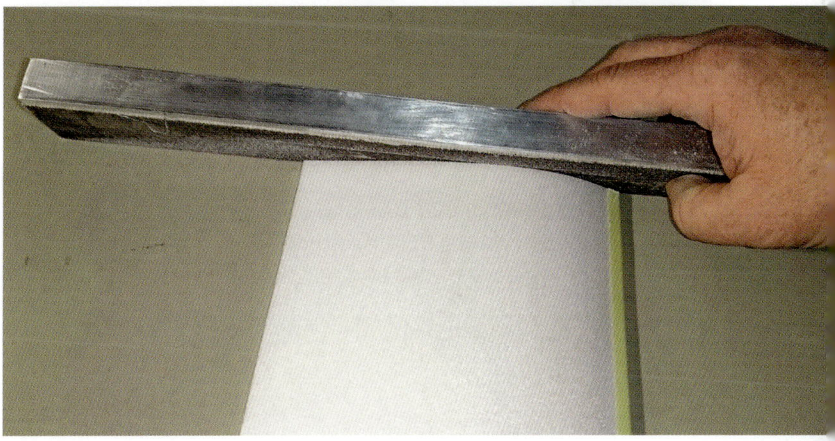

Bei großflächigeren Stellen, wie hier beim Anschleifen der V-Form der Cabbytragfläche, hilft eine Schleiflatte

Hierbei stört das UHU-Por in den Verklebungen, es lässt sich natürlich nicht schleifen und bildet dabei immer größer werdende Fäden und Klümpchen, die sich in die Depronoberfläche eindrücken und dort hässliche Riefen hinterlassen. Um dies zu verhindern hilft es, die Schleifstelle zwischendurch immer wieder mit einem mit Waschbenzin benetzten Küchentuch abzuwischen. Dadurch wird der überschüssige Klebstoff gelöst und abgewischt. Hierbei sollte man aber sehr vorsichtig vorgehen um nicht den gesamten Klebstoff abzulösen.

4.9. Antrieb und RC-Komponenten

Einige Gedanken über die passenden Antriebs- und RC Komponenten haben wir uns eingangs ja bereits gemacht. Wie man diese am besten auslegt und einbaut möchte ich hier noch ein wenig ausführlicher beschreiben.

4.9.1 Motor, Propeller, Akku und Regler

Motor und Propeller, Akku und Regler sollten natürlich zum Modell passen. Der für den

Cabby empfohlenen T-Motor F20 3200kV hat ausreichend Schub und ist in Kombination mit dem 5×3,5 Zoll großen Propeller annähernd lautlos im Betrieb. Der Antrieb ist übrigens eigentlich als Antrieb für Multicopter entwickelt worden, eignet sich aber hervorragend auch für unser Flächenmodell.

Die Gesamte Antriebs- und RC-Ausrüstung des Cabby wiegt gerade einmal 66 g

Der Antriebsmotor ist mit einem kleinen Motorspant aus 0,5 mm starkem GFK verschraubt der einfach auf die Depronteile aufgeklebt wird. Der 5-Zoll-Propeller und die als Spinner ausgeführte Mutter passen dabei maßstäblich sehr gut zum Modell

Coptermotoren sind meist sehr hochwertig und arbeiten mit eher hohen Drehzahlen. Dies ermöglicht es hierbei kleinere Propeller zu benutzen, was gerade bei Retromodellen wie dem Cabby stark zum vorbildähnlichen Erscheinungsbild beiträgt. Stellen Sie sich vor, wir hätten einen niedrigdrehenden Motor und einen dazu passenden 8-Zoll-Propeller montiert. Das Fahrwerk müsste dazu erheblich erhöht werden, das sähe nicht nur sehr bescheiden aus, das große Drehmoment dieses Antriebs würde auch die Flugeigenschaften stark verschlechtern. Mir persönlich gefällt außerdem die Propellerbefestigung mittels einer Verschraubung und eines kleinen Spinners wesentlich besser als die häufig bei Slowflyern eingesetzte Methode

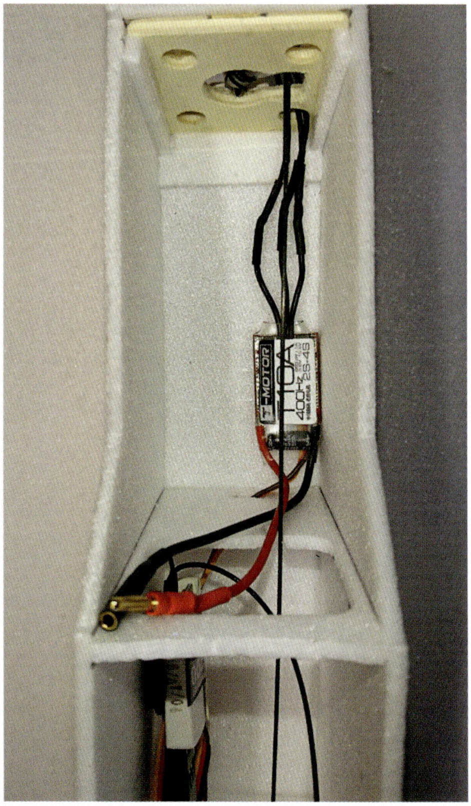

Der Regler sollte so verbaut werden, dass er genügend Kühlluft bekommt, befestigt wird er am besten einfach mit Klebeklett

Solche Klebeklettpunkte und -streifen eigen sich sehr gut zur Befestigung von leichten Komponenten wie Empfängern und Reglern

mit einem Propsaver und einem Gummiring. Befestigt wird der Motor klassisch an einem Motorspant aus Sperrholz oder GFK.

Neben der Auswahl des Motors und des Propellers müssen natürlich auch die weiteren Antriebskomponenten passen, insbesondere der Regler muss in seiner Auslegung dem Motor angepasst werden. In unserem Beispiel in ein 10-A-Brushlessregler mit BEC von T-Motor eingebaut. 10 A sind hier auch absolut ausreichend, am Boden zieht der Motor nur etwa die Hälfte, sodass noch genügend Reserven vorhanden sind.

Beim Einbau des Reglers sollte man einige kleine Dinge beachten. Als Befestigungsmaterial hat sich selbstklebendes Klettband bewährt, dieses bekommt man zum Beispiel als Meterware im Baumarkt und kann es einfach mit einer Schere auf die benötigten Maße zuschneiden. Der Vorteil dieser Befestigungsmethode ist zum einen die schnelle Lösbarkeit der Verbindung und natürlich die perfekte mechanische Entkopplung des Reglers von der Zelle damit keinen Vibrationen auf den Elektronikbaustein übertragen werden. Dies ist sicherlich bei einem elektrisch angetriebenen Modell nicht ganz so wichtig wie bei Modellen mit Verbrennungsantrieb, schaden kann es aber nicht. Und als letztes hält die Klettbefestigung den Regler so in Position, dass er komplett von Kühlluft umströmt werden kann. Stichwort Kühlung, Regler produzieren Wärme, gerade im Teillastbereich können sie recht warm werden, insbesondere auch wenn sie an ihrer Leistungsgrenze betrieben werden. Daher sollten Sie immer für ausreichende Kühlung des Reglers sorgen.

Beim Thema der Auslegung des Akkus scheiden sich häufig die Geister was die maximale Flugdauer angeht. Meine Meinung hierzu ist, dass ich es für absolut ausreichend

▾▸ Größere Akkus sollten zusätzlich zum Klebeklett mit einer Klettbandschlaufe gesichert werden

halte, wenn die Akkugröße auf Flugzeiten von 6-8 Minuten ausgelegt ist. Wer wirklich länger fliegen möchte sollte sich überlegen was sinnvoller ist, einmal kurz zu landen und den Akku zu wechseln, oder durch ein höheres Akkugewicht schlechtere Flugeigenschaften in Kauf zu nehmen. 19 Minuten Strom in Form von Gewicht durch die Gegend zu fliegen, um ihn in der 20sten Minuten zu verbrauchen halte ich für wenig effektiv, um es mal etwas übertrieben auszudrücken. Im Cabby ist ein 2-zelliger 350 mAh Lipoakku mit einem Gewicht von 22 Gramm verbaut, mit diesem Akku ist kein Ballast nötig um den Schwerpunkt einzustellen, und er erlaubt Flugzeiten von bis 8 Minuten, je nach Gasstellung natürlich.

Über die unterschiedlichen Akkutypen müssen wir eigentlich nicht mehr reden, heutzutage sind fast immer Lithiumpolymerakkus die einzig richtige Wahl. Ältere Typen wie Nickel-Cadmium-Akkus oder Nickel-Metall-Hydrid-Akkus sind als Antriebsakkus in Modellflugzeugen genauso verschwunden wie Bürstenmotoren oder MHz-Fernsteuersysteme.

Die Befestigung von Akkus ist hingegen ein Thema, dass man sorgfältig beachten sollte. Da der Akku häufig die schwerste Komponente eines Modells darstellt wird er gerne genommen, um den Schwerpunkt passend einzustellen. Einmal in der passenden Position sollte er natürlich auch dort bleiben, alles andere wäre den Flugeigenschaften mehr als abträglich. Durch einen sich aus seiner Position gelösten Akku kann es recht schnell zu einem Steuerverlust des Modells kommen, im schlimmsten Fall könnte das sogar zu einem Absturz führen. Bei kleinen Akkus, wie er zum Beispiel im Cabby eingesetzt wird, ist die Befestigung mittels Klebeklett, analog zum Regler, absolut ausreichend. Bei größeren Akkus, so ab etwa 1.000 mAh wird es sinnvoll, zusätzlich mit Schlaufen aus Klettbändern zu arbeiten und den Akku hierdurch, zum Beispiel an Holzteilen der Zelle, mechanisch zu sichern.

4.9.2. Servos und Empfänger

Wie bei fast alle RC-Komponenten gibt es auch bei den Servos unzählige Typen und Größen. Je nachdem ob Sie den Cabby mit oder ohne Querruder bauen möchten benötigen Sie zwei bis vier Servos. Auch hier sollte man wieder nach dem Grundsatz so leicht

Die Servos werden einfach in den Rumpf eingeklebt nachdem sie mit einem Streifen Klebefilm umwickelt wurden

wie möglich und so kraftvoll wie nötig handeln. Bei der Kraft kann man auch gerne eine kleine Reserve einkalkulieren, insbesondere wenn es sich um ein Modell handelt welches für Kunstflug oder gar 3D-Flug eingesetzt werden soll. Für all das ist unser Cabby natürlich nicht gedacht, daher reichen hier vier Servos der 4-6-Gramm-Klasse aus, gerne digital, wohingegen Kugellager und Metallgetriebe hier absolut nicht nötig sind, und meines Wissens nach in dieser Größe auch gar nicht auf dem Markt erhältlich sind.

Zur Befestigung der Servos empfehle ich eine sehr leichte, einfache und effektive Lösung die es sogar ermöglicht, ein defektes Servo recht schnell zu ersetzen. Ich klebe sie einfach mit einem Tropfen UHU-Por direkt auf das Depron, bevorzugt mit einer Seite oder noch besser mit einer Seite und dem Boden. Das Servo sollten Sie aber vorher unbedingt mit einem Streifen Tesafilm umwickeln, dies ermöglicht es Ihnen, das Servo sehr schnell und ohne Klebstoffreste wieder zu demontieren, indem Sie den Tesafilm einfach aufschneiden und vom Servo abziehen. Bitte beachten Sie auch unbedingt, dass kein Klebstoff an die Antriebsachse des Servos kommt, wie es der Zufall so will ist mir das einmal passiert, eine minimale Menge des Klebstoffes ist dabei in das Servogetriebe eingedrungen. Das UHU-Por hat bei der Betätigung des Servos dünne, zähe Fäden gebildet, die sich um die Zahnräder gewickelt haben und somit das Getriebe blockierten.

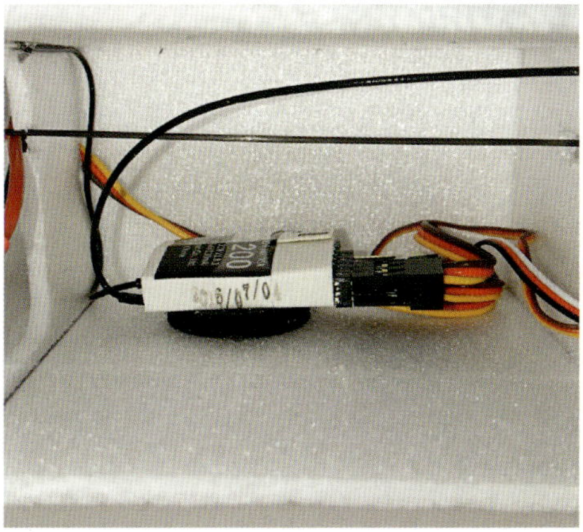

Auch der Empfänger kann einfach mit Klebeklett befestigt werden, er sollte natürlich ebenfalls sehr leicht sein, hier ist ein FrSky X4R mit 5,8 Gramm Gewicht im Cabby eingebaut

Bei der Verlängerung von Kabeln kann etwas Gewicht gespart werden, wenn statt ummantelter Litzen Kupferlackdraht verwendet wird, wie hier bei den Querruderservos meines Volksplane VP1

Auch beim Empfänger sollte man auf die passende Größe und damit das Gewicht achten. In ein Modell wie dem Cabby einen 14-Kanal-Empfänger einzubauen macht natürlich wenig Sinn. Vier Kanäle reichen hier absolut aus.

Wer etwas Gewicht sparen möchte könnte beim Empfänger ein eventuell vorhandenes Gehäuse demontieren. Ein paar Gramm sind hier oft drin. Mit einem etwas größeren Aufwand können auch im Bereich der Verkabelung ein paar weitere Gramm gespart werden. Im F3P-Bereich, wo die Modelle inzwischen unter 50 Gramm wiegen – flugfertig wohlgemerkt – ist es Standard sehr dünnen und somit leichten Kupferlackdraht zu verwenden, im Gewichtsbereich unseres Cabby zwischen 150 und 200 Gramm halte ich persönlich das aber für unnötig.

4.10. Ruderanlenkungen und Ruderscharniere

Anfang der 80er Jahre hatte ich es geschafft. Nachdem ich das Modellfliegen mit meinem Graupner Dandy und meinem Taxi gelernt hatte stand es vor mir, mein erstes dreiachsgesteuertes Modell. Ein Charly der Firma WIK, ein Tiefdecker mit 1,50 m Spannweite, komplett aus Holz gebaut mit einen 10-cm³-Webra-Blackhead-Motor.

Nachdem Charly und ich den Erstflug erfolgreich hinter uns gebracht hatten, sollte der 2. Flug zum Genießen sein, doch leider kam es anders. Nach ein paar Minuten fühlte sich das Höhenruder etwas schwammig an, also besser landen und nachsehen. Gas raus, Gegenanflug, Queranflug, jetzt etwas die Nase hoch und rein in den Endanflug. Doch was war das? Charly nahm die Nase nicht mehr hoch, mehr ziehen, etwas Gas geben, Höhenruderknüppel am Anschlag, nichts passierte.

Sekunden später schlug mein neuer Freund mit einem fürchterlichen Geräusch in ein Maisfeld.

Was war passiert? Zuhause im Bastelkeller erfolgte dann die „Flugunfalluntersuchung". Hierbei stellte sich heraus, dass sich die Höhenruderanlenkung weggebogen hatte. Mehrere kleine Baufehler hatten dazu geführt, dass sich die Bowdenzuganlenkung so gebogen hatte, dass sie die Kraft des Servos nicht mehr auf das Höhenruder übertragen konnte.

Ich nahm mir vor, dass mir so etwas nie wieder passieren solle, daher lege ich seither immer besonderen Wert auf eine perfekte Ruderanlenkung meiner Modelle. Sehen Sie mit bitte nach, dass dieses Kapitel daher auch einen großen Bereich dieses Buches beansprucht. Ich halte dieses Thema für das, welches das meiste Potential hat Fehler zu minimieren. Ich denke, dass ein Großteil zunächst unerklärlicher Abstürze von Modellflugzeugen auf Fehler in der Konstruktion oder im Bau und der Montage von Ruderanlenkungen zurückzuführen ist.

Ein Geheimnis gibt es dabei allerdings nicht, man sollte einfach immer nach der Devise „So stabil wie nötig und gleichzeitig so leicht wie möglich" arbeiten.

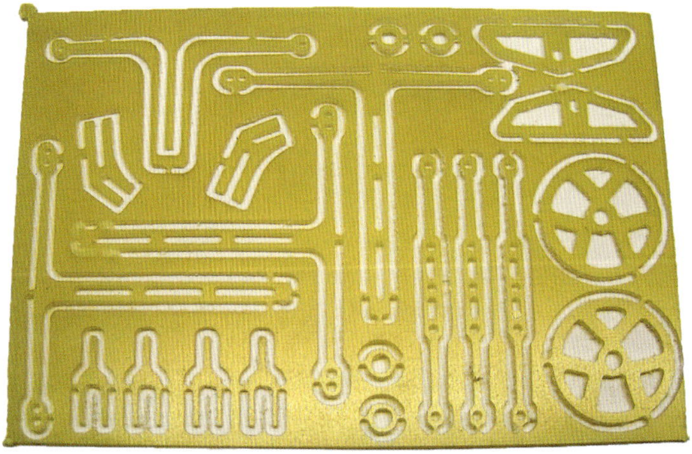

Sehr gut zu gebrauchen sind indes diese leichten, aus dünnem GFK gefrästen Anlenkungssätze speziell für Slowflyer

Klassische Anlenkungsbauteile sind in der Regel zu schwer für Slowflyer

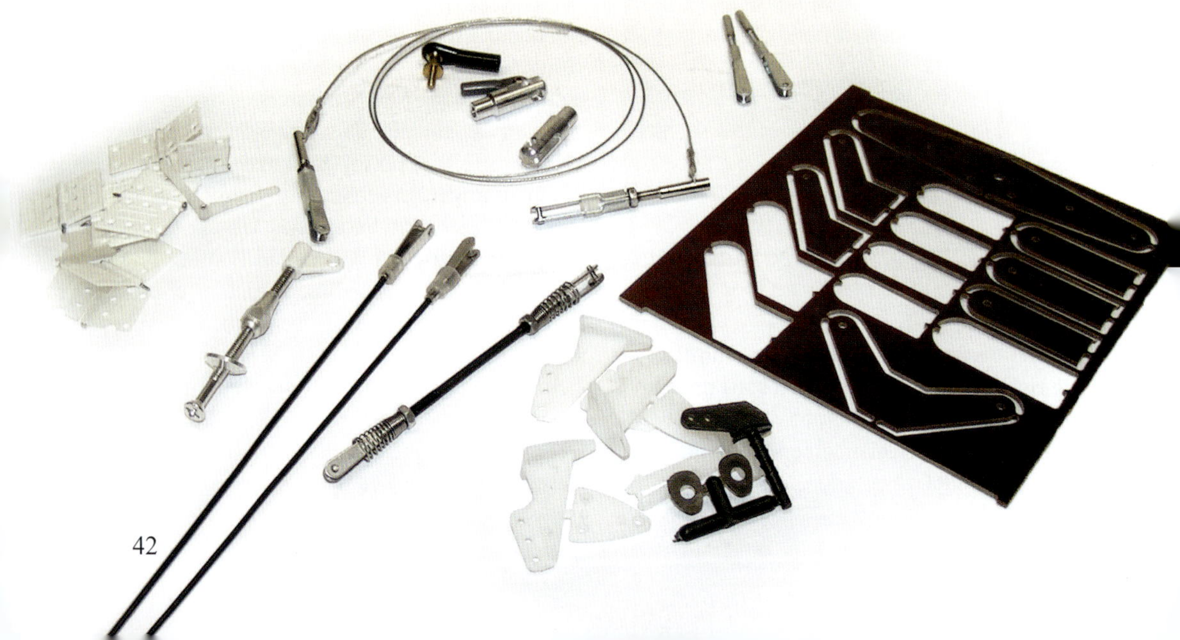

Als Modellbauer haben wir vielfältige Möglichkeiten, uns Anlenkungen und Scharniere selber herzustellen

Viele Jahre später wurde gerade das Thema „So leicht wie möglich......." immer wichtiger. Im Slowflyer und Indoorbereich sind konventionelle Ruderanlenkungen meist nicht zu gebrauchen, da sie hierfür in der Regel stark überdimensioniert sind. Für den Bereich der Anscharnierung von Rudern gilt das Gleiche.

Natürlich hat die Modellbauindustrie hierauf reagiert, und es gibt inzwischen ein vielfältiges Sortiment an guten Anlenksystemen für den Slowflyer und Indoorbereich.

Doch wir sind Modellbauer, und mit einfachen Mitteln, die häufig auch wesentlich preiswerter sind als gekaufte Systeme, lassen sich sehr gute Ruderanlenkungen und Ruderscharniere für unsere Slowflyer und Hallenmodelle selber herstellen.

Ich möchte Ihnen, liebe Leser, die von mir favorisierten Systeme gerne vorstellen.

4.10.1. Anscharnierung von Rudern

Die meisten unserer Modelle werden über Höhen-, Seiten- und Querruder gesteuert. Neben der richtigen Dimensionierung der Ruderflächen, und natürlich auch der Laufrichtung, ist es besonders wichtig, dass die Ruder leichtgängig, spielfrei und rückstellgenau sind.

Falsch ausgelegte, schwergängige Ruder und/oder großes Ruderspiel können unter anderem zu folgenden Problemen führen:

- Servos ziehen hohe Ströme, Überlastung des BEC möglich
- ungleichmäßige/unzureichende Ausschläge der Ruder
- Verklemmen/Verkannten der Ruder
- Wegbiegen der Anlenkung durch erhöhten Ruderdruck bei höherer Fluggeschwindigkeit
- keine oder schlechte Neutralstellung der

Ruder. In diesen Fällen ist es zumindest schwierig, das Modell zufriedenstellend zu fliegen, im schlimmsten Fall besteht die Möglichkeit eines Absturzes, wie im eingangs erwähnten Beispiel. Folgende Möglichkeiten der Anscharnierung sind heute für Slow-, und Hallenflugmodellen geläufig:

- Tesascharnier – ein Streifen Klebeband übernimmt die Funktion des Scharniers
- UHU-Por Scharnier – Scharnier besteht einem elastischen Material z.B. aus UHU-POR
- Diskettenscharnier – Streifen aus elastischen Kunststofffolien z.B. Disketten
- Depronscharnier – eine sehr dünne Schicht Depron wird als Scharnier verwendet
- gekaufte Kunststoff- oder Vliesscharniere

Die Herstellung der ersten vier Arten wird hier genauer beschreiben.

4.10.1.1. Tesascharnier

Das Tesascharnier ist wohl das am meisten verbreitetste System bei Slowflyern aus Depron. Es ist relativ leicht und simpel herzustellen, es ist recht leichtgängig und spielfrei. Außerdem entsteht bei dieser Anscharnierung kein Ruderspalt.

Nachteil dieser Art ist, dass es sich nicht oder meist recht schlecht lackieren lässt. Wichtig hierbei ist es, nur hochwertige Klebebänder zu benutzen, Tests mit „billigen" Klebebändern zeigen, dass man hier nicht versuchen sollte ein paar Cent zu sparen. Glasfaserverstärkte Klebebänder sind zwar ebenfalls möglich, wiegen aber wesentlich mehr als normales Tesa.

Das am einfachsten herzustellende Scharnier besteht aus einem Streifen Tesa-Film. Schwierig ist hier aber oft die Lackierung

Zunächst werden Ruder und Ruderblatt an den Stoßkanten jeweils 30-40 Grad abgeschrägt. Dazu sollte man seinem Abbrechmesser eine komplett neue Klinge gönnen. Man legt das Ruder mit der Oberseite auf den Arbeitstisch und schiebt es mit der Seite, die abgeschrägt werden soll, genau an die Tischkante.

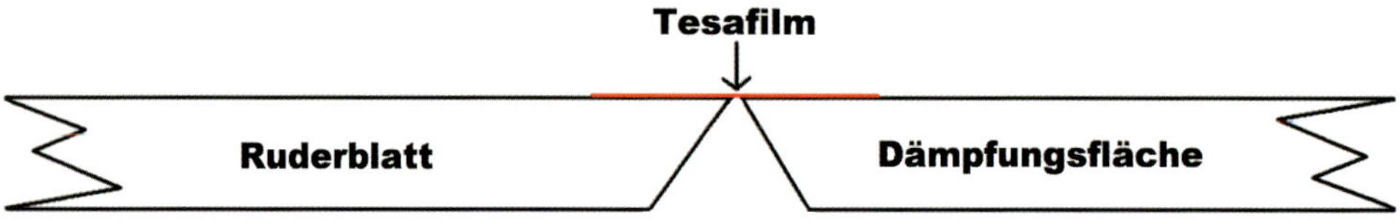

Schematische Darstellung eines Tesascharniers

Mit der richtigen Technik ist es nicht schwer, die Scharnierkanten anzuschrägen

Wenn nötig, kann man noch etwas nachschleifen, am besten noch direkt an der Tischkante

Mit einem Alulineal gelingt die folgende Arbeit am besten. Man legt es ca. 3 mm von der Depronkante entfernt auf das Material. Nun hat man zwei Auflagekanten, an denen das Messer geführt werden kann. Mit leichten Schnittbewegungen der weit herausgezogenen Klinge entfernt man nun das überschüssige Material. Mit ein wenig Übung schafft man so einen sauberen Schnitt.

Wenn nötig, kann man mit 240er-Schleifpapier noch etwas nachbessern, dabei sollte man das Werkstück und auch das Lineal zunächst an der Tischkante liegenlassen, um es weiter als Anschlag benutzen zu können.

Analog dazu schrägt man das Ruderblatt ebenfalls ca. 30-40 Grad ab. Die Stellen, die später in Kontakt mit dem Klebeband kommen, sollten jetzt sehr dünn mit UHU-Por bestrichen werden. Dieses erhöht die Haftung des Klebebandes enorm, insbesondere auch über einen längeren Zeitraum. Der Klebstoff sollte nun ca. 5 min. antrocknen.

Anschließend werden beide Teile mit der Unterseite nach unten, im Abstand von 0,5 bis 1 mm, in ihre zukünftige Position auf die Arbeitsfläche gelegt.

Damit sie nicht wegrutschen sollten die Teile z.B. mit Alulinealen beschweren werden.

Jetzt wird der Klebestreifen von der Rolle soweit abgerollt wie nötig, wobei man ca. 2 cm an beiden Seiten überstehen lässt. Mit dem Klebestreifen wird das Ruder nun auf der Arbeitsfläche „festgeklebt“. Mit dem Messer wird anschließend das überflüssige Klebeband bündig am Ruder abgeschnitten.

Anschließend klappt man das Ruder 180 Grad um und klebt, ebenfalls nach vorheriger Behandlung der Klebeflächen mit UHU-Por, vier, bei Querrudern auch mehr, kurze Streifen Klebeband auf die Unterseite des Ruders.

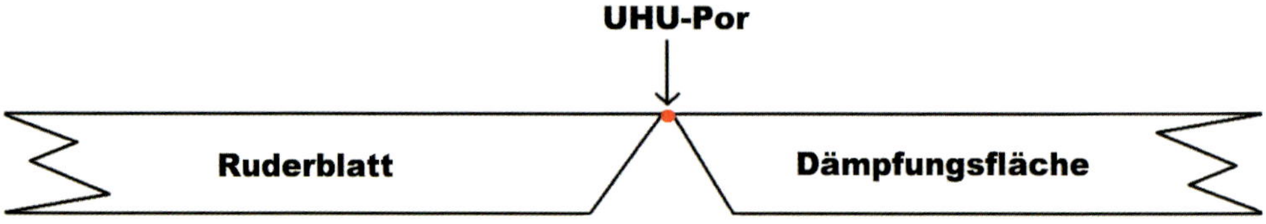

Schematische Darstellung eines UHU-Por Elastikflaps

4.10.1.2. Elastikflap (UHU-Por Scharnier)

Das Elastikflap ist mein Favorit bei leichten Ruderscharnieren im Slowflyerbereich. Es ist extrem leicht, fast unsichtbar, und mit wenig Übung sehr schnell hergestellt. Bei richtiger Herstellung ist es auch nicht schwergängiger als ein Tesascharnier.

Zunächst werden, wie oben beschrieben, beide Rudereinzelteile ca. 30-40 Grad abgeschrägt. Anschließend werden die dadurch entstandenen oberen Scharnierkanten beidseitig ganz dünn mit UHU-Por eingestrichen. Am besten klappt das, wenn man das Werkstück auf die Arbeitsfläche legt und den Tisch als „Führung" für die Klebstofftube nutzt. Es sollte wirklich nur ein Hauch von Klebstoff auf die Kanten aufgetragen werden. Je weniger man hier benutzt, umso leichtgängiger ist das Ruder nachher.

Nachdem der Klebstoff mindestens 30 Minuten ausgelüftet ist, hier lieber ein paar Minuten länger warten als zu wenig, werden Ruder und Ruderblatt zusammengefügt. Sehr gut klappt das, wenn man die beiden Teile auf die Tischplatte legt und einfach zusammenschiebt.

Normalerweise hängt die Klebekraft von Kontaktkleber wie UHU-Por ja nicht davon ab wie lange die Teile zusammengedrückt, sondern von der Kraft mit der sie aufeinander gepresst werden. In diesem Fall sollte man allerdings beim Zusammenfügen der Teile nur wenig Kraft aufbringen. Ansonsten wird das Depron zu stark komprimiert und der „Biegebereich" des Scharniers wird zu großflächig wodurch es schwergängig wird.

Jetzt überprüfen wir die Leichtgängigkeit unserer Arbeit. Sollte das Scharnier zu schwergängig sein, kann man mit einem Papiertuch, auf dem ein wenig Waschbenzin ist, vorsichtig überschüssigen Klebstoff abwischen.

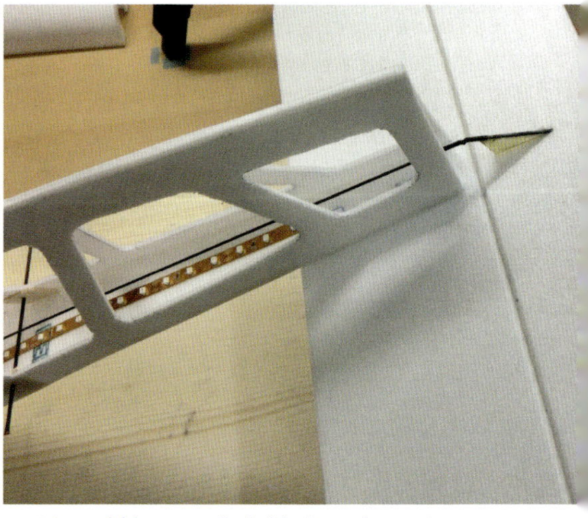

▲▼ Die wohl beste Möglichkeit Ruder an Depronmodellen anzuscharnieren ist das Elastikflap. Das Scharnier besteht dabei aus einer sehr dünnen und elastischen Raupe UHU-Por

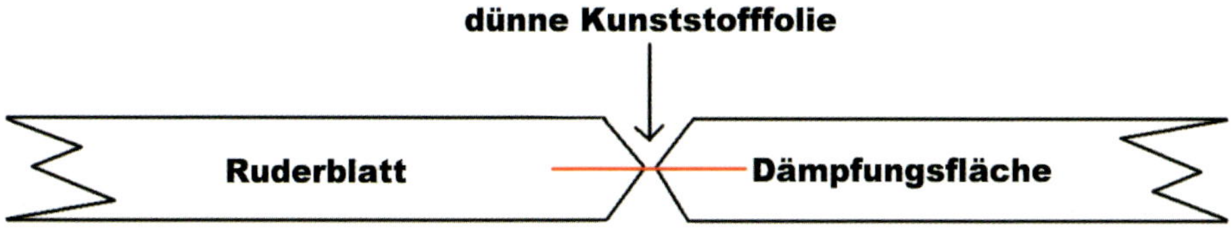

Schematische Darstellung eines Diskettenscharniers

4.10.1.3. Diskettenscharnier

Das Diskettenscharnier entspricht vom Aufbau her eher den klassischen Systemen. Anstatt konventioneller Ruderscharniere werden hier dünne Kunststofffolien verwendet, z.B. Disketten. So hergestellte Ruderverbindungen sind extrem leicht. Die Herstellung ist ein klein wenig aufwendiger und kniffeliger, insbesondere bei Querrudern mit mehreren Scharnieren. Es entsteht außerdem ein kleiner Ruderspalt, der sich aber auch positiv auf das vorbildgetreue Aussehen eines Modells auswirken kann.

Mit dem Scharniermaterial kann man etwas experimentieren, nicht allzu dünne Kunststofffolien, z.B. Blisterverpackungen, Geschenkbänder, Dokumentenhüllen, Reste von Kabinenhauben und vieles mehr können hier eingesetzt werden. Als ich ein geeignetes Material in meiner Grabbelkiste suchte, fand ich eine alte Computer-Diskette. Die eigentliche Diskette, also das Innenteil, eignete sich hervorragend für diese Zwecke.

Mit einer Schere schneidet man Streifen von 10×15 mm Größe aus dem Material.

Zunächst müssen wieder die Ruder und Ruderblätter entsprechend vorbereitet werden. Hierzu werden die Kanten abgerundet. Mit einem scharfen Messer schneidet man nun ca. 10 mm breite und 6-7 mm tiefe Schlitze für das Scharnier ins Depron. Mit dem Messer kann man die Schlitze nun etwas aufbiegen.

Als Scharnier dienen dünne Kunststofffolien, die in jedem Haushalt zu finden sind

Ein fertiges Diskettenscharnier, als Kunststoff wird hier das Innenteil einer alten Computerdiskette verwendet

Die Kunststoffstreifen werden nun zunächst auf einer Seite mit sehr wenig UHU-Por nass in nass eingeklebt, also ohne den Klebstoff vorher antrocknen zu lassen. Nass-in-Nass-Verbindungen mit Kontaktklebern brauchen wesentlicher länger bis sie belastbar sind, daher sollte man diese Verbindung mindestens 15 Minuten trocknen lassen bevor man weiterarbeitet. Danach kann die zweite Seite eingeklebt werden.

Auch hier kann anschließend überschüssiger Klebstoff mit Waschbenzin entfernt werden.

4.10.1.4. Depronscharnier

Das Depronscharnier ist an Minimalismus nicht mehr zu übertreffen, seine Herstellung erfordert allerdings etwas Fingerspitzengefühl. Dafür bekommt man aber auch die leichteste Möglichkeit, ein Ruder zu befestigen.

Neben zwei kurzen Streifen Klebeband wird für diese Ruder nur ein scharfes Messer benötigt. Mit diesem schneidet man das Depron an der unteren Scharnierlinie entlang nicht komplett durch, sondern lässt ca. 0,5 mm des Materials stehen. Jetzt klappt man das Ruder am besten über eine Tischkante um. Sollte dies nur mit größerem Kraftaufwand möglich sein, ist der Schnitt noch nicht tief genug und sollte vorsichtig etwas nachgeschnitten werden.

Mit sehr viel Gefühl werden nun Ruder und Ruderblatt mit dem Messer und anschließend mit dem Schleifklotz jeweils 30-40 Grad abgeschrägt. Hierbei muss besonders darauf geachtet werden, die obere Haut des Deprons, die ja als Scharnier dienen soll, nur bis ca. 0,1 mm runter zu schleifen ohne sie zu beschädigen.

Um ein Einreißen der dünnen Scharnierschicht zu verhindern, können nun zwei kleine Tesastreifen an den Enden aufgeklebt werden.

Alle hier vorgestellten Ruderscharniere habe ich bei diversen Modellen in den letzten Jahren eingesetzt und ausgiebig getestet. Wie bereits gesagt ist für die meisten Fälle das Elastikflap mein persönlicher Favorit, aber das sollte jeder für sich selbst entscheiden.

Wie auch bereits beim Walken ist es auch hier sinnvoll, ein paar Depronreste als Teststücke zu nehmen, und einfach mal mit den unterschiedlichen Varianten zu spielen. Ich denke dabei wird man sehr schnell herausfinden, welche Art für die jeweiligen Einsatzzwecke die bevorzugte ist.

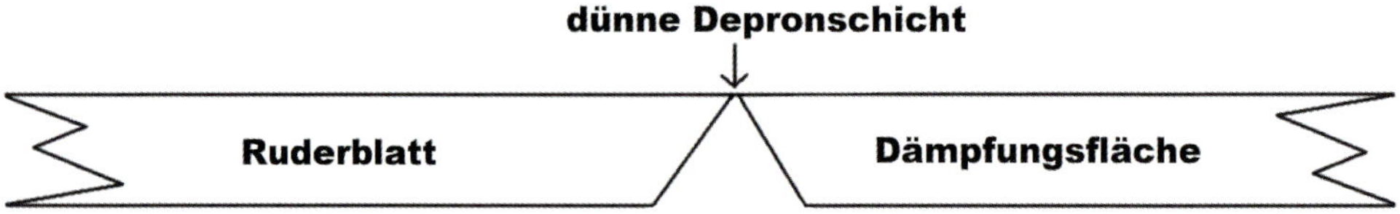

Schematische Darstellung eines Depronscharniers

4.10.2. Ruderanlenkungen

Ebenso wichtig wie das Anscharnieren von Rudern ist natürlich die Verbindung vom Servo zum Ruder. Eine spielfreie und leichtgängige Ruderanlenkung ist unabdingbar, um ein Flugmodell sicher zu fliegen.

Die klassischen Arten der Ruderanlenkung mittels Ruderhorn, Gabelkopf sowie der Kraftübertragung durch Bowdenzüge, Schubstange oder Stahlseilen ist natürlich aus Gewichtsgründen im Slowflyer und Indoorbereich nicht ohne weiteres möglich.

Doch eigentlich sind die dort verwendeten Ruderanlenkungen von ihrer Funktionsweise identisch, nur dass sie mit wesentlich leichteren Materialien wie GFK, CFK oder Kevlarschnüren umgesetzt werden. Aber auch ungewöhnliche Materialien wie Schrumpfschlauch und Kaffeerührstäbchen können als Alternativen eingesetzt werden.

Unterscheiden wir zunächst zwischen den Seilanlenkungen, Schubstangensystemen und Bowdenzügen.

Seilanlenkungen sind extrem leicht, bei richtiger Ausführung sehr exakt und spielfrei. Insbesondere F3P-Wettbewerbsmodelle werden hiermit ausgerüstet. Mit entsprechenden Umlenkungen sind auch Querruderanlenkungen via Seil möglich. Ein Nachteil ist sicherlich, dass Seilsysteme unter Umständen nachgespannt werden müssen. Dies ist aber nur selten nötig und mit einfachen Mitteln auch kein Problem, doch dazu später mehr. Schubstangensysteme sind etwas schwerer, dafür aber robuster, einfacher in der Herstellung und wartungsfrei. Der klassische Bowdenzug ist die dritte Möglichkeit. Ein unbestrittener Vorteil des Bowdenzuges ist es, auch indirekte Anlenkungen ausführen zu können. Dies ist natürlich besonders interessant bei vorbildgetreuen Modellen, wo direkte Anlenkungsstangen oder Seile die Optik beeinträchtigen würden. Wobei natürlich auch ein Schubstangen- oder Seilsystem innerhalb eines Rumpfes verbaut werden kann. Häufig werden auch Kombinationen der verschiedenen Systeme, je nach Verwendungszweck, an den einzelnen Rudern verbaut.

4.10.2.1. Seilanlenkungssysteme

Wie bereits erwähnt werden Seilanlenkungen meist dort eingesetzt, wo auf eine absolut exakte Steuerbarkeit Wert gelegt werden muss, als Beispiel sei hier die internationale Wettbewerbsklasse F3P (Indoorkunstflug) genannt.

Große Ausschläge, perfekte Rückstellung, geringes Gewicht und absolute Spielfreiheit sind hier unabdingbar. Erreicht wird dies alles unter anderem auch dadurch, dass eine Seilanlenkung immer auf Zug arbeitet. Ebenso ist sie immer, außer sie wird umgelenkt, die direkte Verbindung zwischen Servo und Ruder.

Am einfachsten ist es eine Seilanlenkung zu bauen ist, wenn man käuflich erworbene Ruderhörner und Servohebel nutzt. Der Selbstbau ist natürlich auch hier möglich, doch dazu später mehr.

Bei diesem Shockflyer werden die Ruder über Kevlarschnüre angelenkt

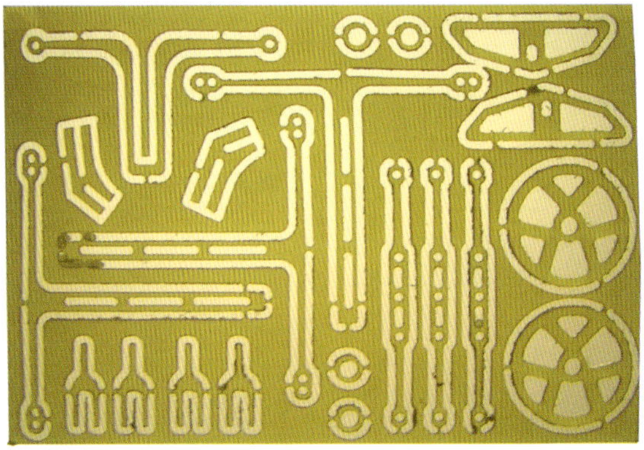

Fertige Anlenkungssätze aus dünnem GFK sind im Modellbaufachhandel zu bekommen

Ich empfehle, gerade wenn es auf niedriges Gewicht ankommt, fertig gefräste Ruderhebelsätze zu nutzen.

Der Servohebel aus GFK wird auf den vorhandenen beidseitigen Servohebel aufgeklebt. Hierzu verwendet man am besten dünnflüssigen Sekundenkleber. (Vorsicht, damit kein Klebstoff in das Servogetriebe läuft!) Um eine großflächige Verbindung herzustellen, werden nun beide Hebel mit Zwirnfaden umwickelt, der mit ein paar Tropfen Sekundenkleber getränkt wird. Auch hier sollte man wieder sehr sparsam mit dem Klebstoff umgehen.

Für das T-förmige Ruderhorn aus GFK wird nun ein Schlitz in das Ruderblatt geschnitten und das Ruderhorn mit UHU-Por nass in nass eingeklebt. Beachten muss man dabei, dass das asymmetrische Ruderhorn richtig herum eingesetzt wird. Diese Asymmetrie ist erforderlich, da der Drehpunkt unseres Ruders nicht in der Mitte liegt, wenn wir ein einseitig anscharniertes Ruder haben, wie es fast immer im F3P-Bereich gemacht wird.

Richtig ist, dass das längere Ruderhorn an die Seite kommt, an der das Ruder anscharniert ist. Nur so ist gewährleistet, dass die Abstände der Anlenkpunkte zur Drehachse des Ruders identisch sind, und ein gleichgroßer Ausschlag des Ruders gegeben ist.

Häufig sieht man, dass die nicht belastete Seite einer Seilanlenkung durchhängt, dies geschieht u.a., wenn eben dieser Abstand nicht gleich ist. Ein weiterer Grund für ein Durchhängen der Seile ist eine unterschiedliche Länge der Anlenkungshebel auf dem Servo und am Ruder.

Als Verbindungsseil hat sich Dyneema Angelschnur in der Stärke 0,1-0,4 mm bewährt, bei einer Stärke von 0,15 mm hat diese bereits eine Tragkraft von über 10 kg.

Hochwertige Schnüre sind zwar etwas teurer, aber dafür bekommt man auch absolut

Hier wurde mit dieser Technik gearbeitet, die Servohebel wurden verlängert, um große Ausschläge zu ermöglichen

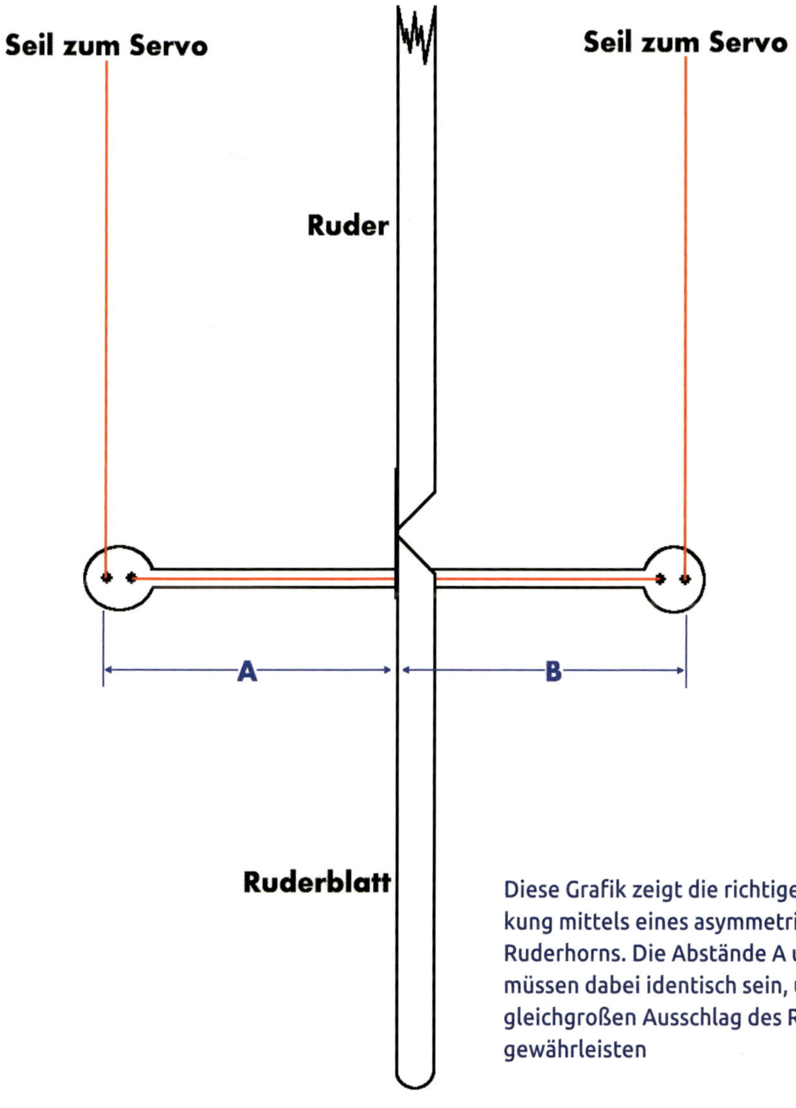

Diese Grafik zeigt die richtige Anlenkung mittels eines asymmetrischen Ruderhorns. Die Abstände A und B müssen dabei identisch sein, um einen gleichgroßen Ausschlag des Ruders zu gewährleisten

geringes Gewicht bei einer sehr hohen Zugkraft und geringer Temperaturausdehnung. Zahnseide wird ebenfalls häufig eingesetzt, zur Not geht natürlich auch ein normaler Zwirnfaden.

Wir schneiden nun ein ausreichend langes Stück der Schnur ab und knoten das eine Ende an eine Seite des Servohebels. Das andere Ende fädeln wir in eine Nähnadel ein, es geht zwar auch ohne, allerdings ist es mit Nadel wesentlich einfacher. Der Faden wird nun durch eine der Bohrungen des Ruderhorns gefädelt. Jetzt mit der Nadel durch das Depronleitwerk und auf der anderen Seite wieder durch die beiden Löcher und zurück zum Servo.

Ca. 10 mm vor dem Servohebel wird der Faden zu einer Schlaufe verknotet.

Nun haben wir einen umlaufenden Faden, der kurz vor dem Servohebel endet. Das fehlende Stück überbrücken wir nun mit 3-4 Seelen eines Kupferkabels und spannen

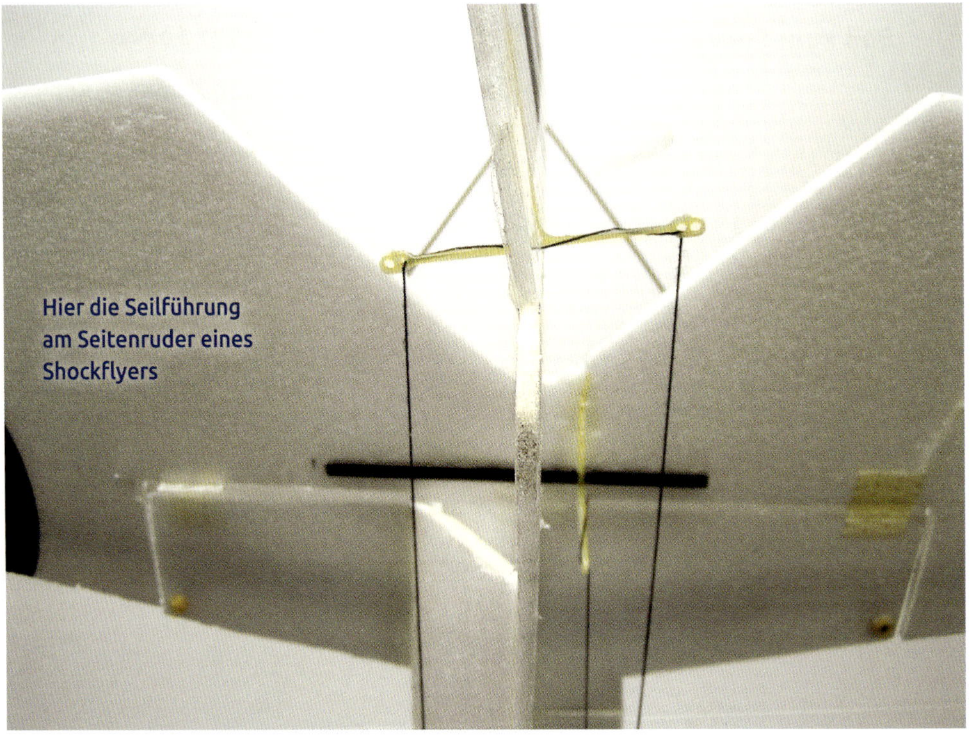

Hier die Seilführung am Seitenruder eines Shockflyers

das Seil durch verdrillen der Kupferseelen. Auf diese Art können wir das Seil sehr feinfühlig spannen, und sollten wir es mal Nachspannen müssen, gibt es ebenfalls keine Probleme.

Nachdem nun das Servo in die Nullposition gebracht wurde, und das Seil auf die richtige Spannung eingestellt ist, stellt man das Ruder ebenfalls in seine Nullposition.

Zum Spannen des Anlenkungsseils dient etwas Kupferdraht, 3-4 Seelen eines Kabels sind hier perfekt

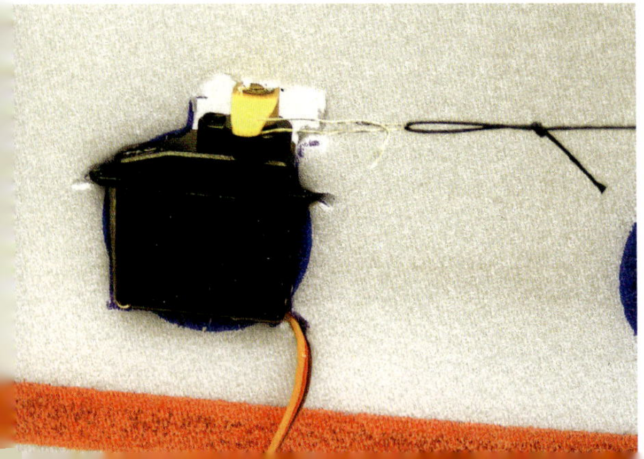

Mit zwei Tropfen Sekundenkleber befestigt man nun das Seil am Ruderhorn. Außerdem sollten auch die beiden Knoten mit je einem kleinen Tropfen gesichert werden.

Auch Querruder sind auf diese Art anlenkbar, allerdings benötigt man dazu eine Umlenkung des Seils. Bei einem Silhouettenrumpfmodell ist auch dieses recht einfach umsetzbar. Das Querruderservo wird vor der Tragfläche in den oberen Bereich des Rumpfes eingebaut. Im unteren Bereich, direkt unter dem Servo, wird die Umlenkrolle eingesetzt. Als Achse dient hier ein ca. 3 cm langer 1,5-2-mm-Kohlefaserstab. Die kleine Umlenkrolle aus Kunststoff stammt z.B. aus einem ausgeschlachteten CD-ROM Laufwerk. Unbedingt nötig ist sie nicht, man kann das Seil auch direkt über den Kohlestab umlenken, dann sollte man aber eine Seilführung, z.B. durch Unterlegscheiben vorsehen, da sich die Schnur ansonsten in das Depron schneiden könnte.

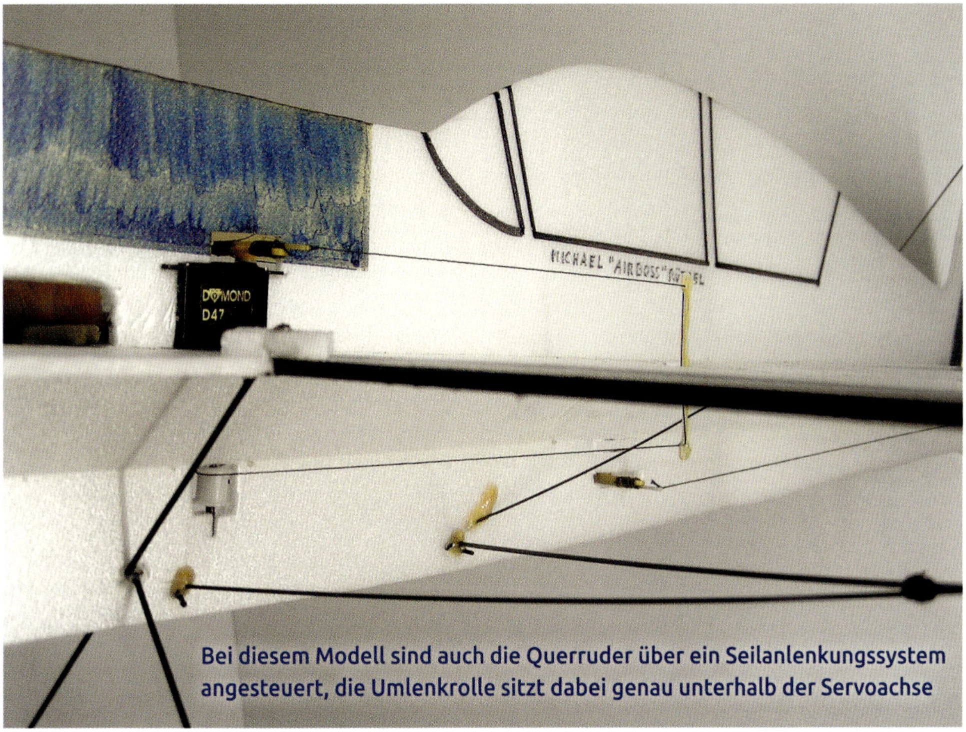

Bei diesem Modell sind auch die Querruder über ein Seilanlenkungssystem angesteuert, die Umlenkrolle sitzt dabei genau unterhalb der Servoachse

Selbstverständlich ist man auch nicht unbedingt auf gekaufte Servo- und Ruderhebel angewiesen. Kaffeerührstäbchen aus Holz, wie man sie z.B. in Fastfood Restaurants bekommt, sind als Ruderhörner ebenfalls gut geeignet. Oder man fertigt sich seine Ruderhebel aus GFK-Platten oder Sperrholz der Stärke 0,5-1,0 mm selbst an.

Des Weiteren ist es auch möglich, ein Stück Bowdenzugaußenrohr als Ruderhorn zu benutzen. Dazu schneidet man ein Stück des Rohres in der gleichen Länge ab, wie das auf dem Servo verbaute Ruderhorn. In der Mitte knickt man nun das Rohr um einige Grad und klebt es mit Hilfen von zwei ca. 10×10 mm großen 2 mm Balsastücken, die die großflächige Krafteinleitung übernehmen, in das Ruder ein. Das Anlenkungsseil wird durch das Rohr geführt, und wenn alles passend eingestellt ist, mit einem Tropfen Sekundenkleber gesichert.

Aus einem Stück Bowdenzug und etwas Balsaholz kann man Ruderhörner für Seilsysteme einfach selber herstellen

4.10.2.2. Schubstangenanlenkungen

Wenn es weniger auf eine absolute Präzision als mehr auf ein robustes Anlenkungssystem ankommt, bevorzuge ich die Anlenkung via Schubstangen, so auch beim Cabby, er ist ja schließlich kein F3P-Modell sondern eher klassisch aufgebaut. Daher nutzen wir hier auch eine eher konventionelle Anlenkungsart, allerdings mit modernen Materialien.

Anders als im herkömmlichen Modellbau, also bei größeren und schwereren Modellen, werden hier keine Kiefernholzleisten als Schubstangen eingesetzt, sondern meist 1,5-2,0 mm starke Kohlefaserrundstäbe verwendet. Diese haben eine ausreichende Festigkeit und sind gleichzeitig relativ leicht.

CFK-Rundprofile mit 1,5 mm Durchmesser dienen hier als Schubstangen für die Anlenkung von Seiten- und Höhenruder beim Cabby

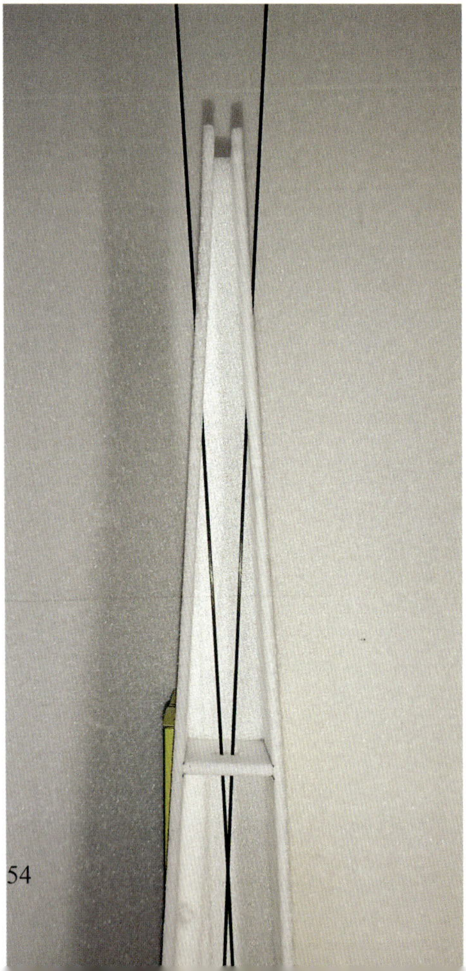

Um die Schubstangen mit den Rudern zu verbinden, nutze ich beim Cabby eine sehr alte und bewährte Methode, den klassisch abgekröpften Stahldraht (0,8-1,5 mm). Der Stahldraht wird mit Schrumpfschlauch und Sekundenkleber mit der Kohlefaserstange verbunden und in einer entsprechenden Bohrung im Ruderhorn eingehängt.

Eine weitere Möglichkeit ist es, die Verbindung von Schubstange und Ruderhorn mittels eines Stückchens Schrumpfschlauch herzustellen.

Als erstes wird dabei ein dreieckiges Stück aus einer 1-1,5 mm dicken Glasfaserplatte herausgeschnitten. Nun wird die ausreichend lange Kohlefaserstange mit Sekundenkleber auf die „Hypotenuse" des dreieckigen GFK-Teils geklebt. Ein kurzer Streifen Klebeband hält ihn bis zur Trocknung des Klebstoffes in Position.

Mit einem Seitenschneider wird nun die Kohlefaserstange ca. 5-8 mm vom Ende des Anlenkungsdreiecks entfernt durchgeknipst.

Die Bauteile des Schubstangensystems des Cabby, CFK-Rundstab, Stahldraht, Schrumpfschlauch sowie selbst gefertigte Ruderhörner aus GFK

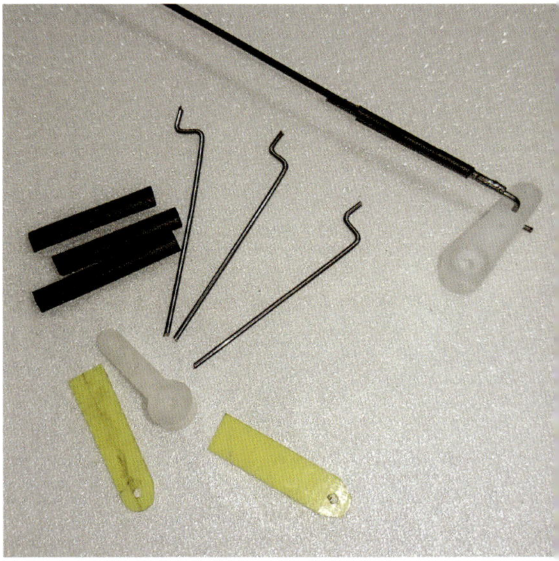

Die nun folgenden Arbeitsschritte sollten recht zügig abgearbeitet werden, da zum einen der Sekundenkleber recht schnell trocknet, und der Schrumpfschlauch ebenfalls recht zügig erkaltet. Über die entstandene Lücke wird nun mit Hilfe von zwei Tropfen Sekundenkleber ein 1,8-2,0 mm starker Schrumpfschlauch geschoben und sofort mit einem Feuerzeug geschrumpft. Achtung, der Sekundenkleber wird wahrscheinlich anfangen zu brennen, pusten Sie die kleine Flamme sofort aus und atmen die Dämpfe nicht ein!

Mit einer Spitzzange wird nun der Bereich zwischen den beiden Teilen des Kohlefaserstabes flachgedrückt. Hierdurch entsteht ein leicht bewegliches Element. Um den flachen Bereich des Schrumpfschlauches möglichst klein zu halten mache ich das häufig nicht mit einer Spitzzange, sondern mit dem Daumennagel. Der Nachteil hierbei ist aber, dass der Schrumpfschlauch hier meist noch recht heiß ist.

Auf Seiten des Servohebels empfehle ich entweder die gleiche Methode oder man benutzt hier fertige Gestängeanschlüsse, wie sie im Modellbauhandel erhältlich sind. Diese haben den Vorteil, dass man die Ruder sehr genau einstellen kann.

So sieht eine fertige Schubstangenanlenkung mit einem „Schrumpfschlauchgabelkopf" aus. Diese Art der Anlenkung ist sehr robust

Mit ein wenig Übung sollte man so in der Lage sein leichte, spielfreie und preiswerte Ruderanlenkungen herzustellen. Wenn man möchte, kann man die Schubstange auf ihrem Weg zum Ruder noch einmal abstützen, indem sie durch eine Bohrung in einem Stück Holz oder GFK-Material geführt wird oder einfach durch ein Loch im Depron. Bei einer 1,8-2,0 mm starken, max. 40 cm langen Schubstange ist dies jedoch in der Regel nicht nötig.

Auf diese Art habe ich z.B. die Seiten-, und Höhenruder an meinem Magnum reloaded angelenkt. Das Modell ist inzwischen mehrere Jahre alt und hat unzählige Flüge unter allen möglichen Bedingungen (Hallenflug, Wasserflug, Fuchsjagden, Feuerlimbo und auch viele Flüge im Schnee) hinter sich. Die Anlenkung ist immer noch wie am ersten Tag.

Servoseitig kann die gleiche Technik verwendet werden...

...oder man nutzt fertige Gestängeanschlüsse

Das robuste Schubstangensystem hat sich im rauen Modellflugalltag meines Magnum reloaded bewährt

4.10.2.3. Bowdenzüge

Ein Bowdenzug besteht aus mindestens zwei Teilen, aus einem äußeren und einem inneren Element. Man spricht hier auch von Mantel und Seele. Diese sind in der Regel flexibel verlegbar, wobei die äußere Hülle in Verlaufsrichtung stabil sein sollte.

Im klassischen Modellbau bestehen diese Komponenten meist aus Kunststoffrohren, Stahldrähten oder Stahlseilen. Für unsere Zwecke sind hier natürlich nur leichte Materialien sinnvoll, z.B. 0,8 mm starker Stahldraht geführt in einem Bowdenzuginnenrohr aus Kunststoff. Ebenso ist es möglich, entsprechend dünne Kohlefaserstäbe als Innenelement zu nutzen.

Der große Vorteil einer Bowdenzuganlenkung ist unbestritten die Möglichkeit der flexiblen Verlegung, wobei es hier natürlich auch Grenzen gibt. Je geringer der Biegeradius, desto größer wird die Reibung. Durch diese Flexibilität ist es möglich Anlenkungen so in ein Modell zu verbauen, dass sie das äußere Erscheinungsbild nicht stören. Besonders im Bereich der vorbildgetreuen Modelle wird diese Möglichkeit gerne genutzt, wobei je nach Alter des Vorbildes auch offene Anlenksysteme einem vorbildgetreuen Aussehen entgegenkommen können.

Würden wir Modellbauer Bowdenzüge nur in ihrer ursprünglichen Form als reine Zugsysteme nutzen wäre ihr Bau recht einfach. Doch meist nutzen wir sie als kombinierte Zug/Druck Systeme, was bei falscher Durchführung zu erheblichen Problemen führen kann. Durch seinen flexiblen Charakter erfordert der Bowdenzug nämlich eine möglichst starre Verlegung der Außenhülle, ansonsten kann es einem so ergehen wie mir, und man kann sein Modell verlieren, wie zu Beginn des Kapitels beschrieben.

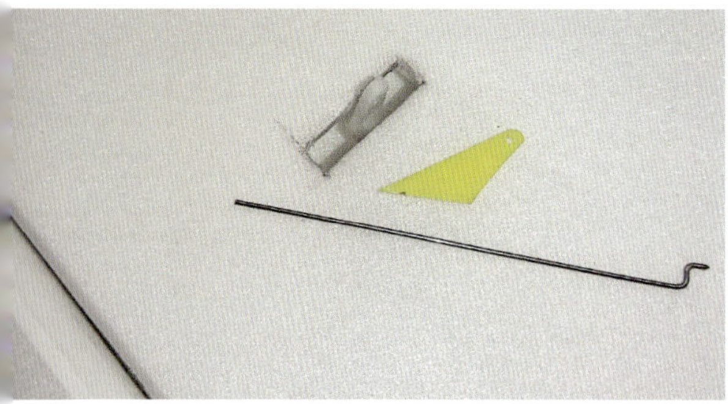

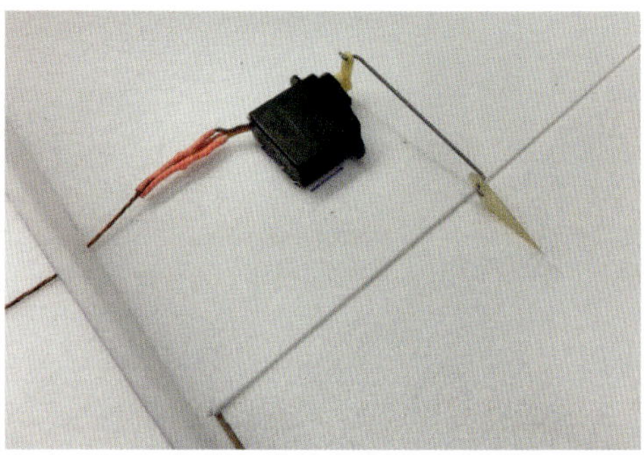

Bei kurzen Schubstangensystemen wie zum Beispiel bei der Ansteuerung von Querrudern kann auf das CFK-Mittelteil meist verzichtet werden. Hier reicht es oft aus, Servo und Ruderhorn direkt über einen gebogenen Stahldraht miteinander zu verbinden

Ein weiterer Nachteil von Bowdenzuganlenkungen ist sicherlich, dass es recht schwierig ist eine spielfreie und gleichzeitig leichtgängige Anlenkung herzustellen. Außen-, und Innenelement müssen hierbei perfekt zueinander passen. Bei zu großem Unterschied der Durchmesser zueinander ist die Anlenkung zwar sehr leichtgängig, hat aber zu viel Spiel. Ist die Durchmesserdifferenz von Außen- und Innenelement zu gering, ist die Anlenkung zu schwergängig, mit all den Nachteilen, wie schlechter Nullstellung, erhöhte Servokraft, etc.

Wenn man diese Punkte beachtet, gestaltet sich die Herstellung einer Bowdenzuganlenkung im Slowflyerbereich ansonsten recht einfach und soll hier nicht weiter beschrieben werden.

Wie man sieht gibt es auch im Bereich des Slow-, und Hallenfliegens vielfältige Möglichkeiten, die Kraft der Servos auf die Ruder zu übertragen. Meine Erfahrungen zeigen aber auch, dass diesem Bereich häufig nicht die Aufmerksamkeit zugutekommt, die nötig ist. Dabei ist es meist recht einfach, wenn man folgenden Punkt beachtet:

Leichtgängigkeit und Spielfreiheit sind die entscheidenden Kriterien

5 Lackierung und Finish

Einfach nur weiß wie Depron ist ein Modell natürlich nicht sehr schön. Mit einem farbenfrohen Phantasiedesign oder einem vorbildähnlichen Aussehen, womöglich noch mit Gebrauchsspuren versehen und geweathert, macht ein schönes Modell doch wesentlich mehr her. Oder wie im Fall des Cabby auch gerne mit einem klassischen Modellflugzeugdesign im Retrostyle. Ein gutes Design kann unter Umständen sogar den Zuschauer über die Bauart des Modells hinwegtäuschen. Hierzu gerne eine kleine Anekdote, die ich vor ein paar Jahren bei einem Wasserflugtreffen erlebt habe:

Jürgen Bestenlehner hatte gerade seine Volmer VJ22 fertig gestellt. Ein vorbildgetreues Depronmodell mit einer stattlichen Spannweite von 2,25 Metern und einem Abfluggewicht von 3,6 kg. Er bereitete sich mit seinem Modell im Maßstab 1:5 auf seinen Erstflug am Ternscher See vor. Viele Zuschauer, größtenteils selbst Modellflieger beobachteten, wie Jürgen zunächst testete wie sich das Modell im Wasser verhält, wann und wie es auf Stufe ging, etc. Neben mir stand ein mir unbekannter älterer Herr und sagte zu mir: „Schön, endlich mal wieder ein tolles, klassisch in Holz gebautes Modell, ich kann

Ganz ohne Farben geht's natürlich nicht

Die fantastische große Volmer VJ 22 Sportsman von Jürgen Bestenlehner beim Wasserflugtreffen am Edersee

die ganzen Schaumdinger nicht mehr sehen." Er war doch sehr erstaunt als ich ihm sagte, dass es sich bei der Volmer VJ22 von Jürgen um ein Depronmodell handelt.

Wie Sie sehen gehört ein gutes Finish einfach auf jedes Modell.

Wenn Sie sich für ein Design entschieden haben, möchte ich Ihnen hier noch ein paar Tipps geben wie Sie es auf Ihr Modell bekommen. Zunächst sollten Sie das gesamt Modell natürlich verschleifen, auch alle gerade Flächen, insbesondere die, auf denen sich noch die glänzende Haut befindet, sollten vorsichtig mit einem 320er Schleifpapier angeraut werden. Herstellungsbedingt befinden sich auf der Depronoberfäche noch fetthaltige Rückstände. Diese lassen sich am besten mit einem in Spiritus getränkten Küchentuch entfernen, auch der grüne Depronschriftzug lässt sich sehr gut mit dem Alkohol entfernen.

5.1. Acrylfarbe mit dem Pinsel auftragen

Die einfachste Art Farbe auf das Depron zu bekommen ist es, Acrylfarben mit einem weichen Pinsel einfach auf das Modell aufzupinseln. Als Farbe für meine beiden Cabby habe ich übrigens einfache Acrylfarbe aus dem Bastelladen genommen. Diese habe ich mit Wasser 50:50 verdünnt. Diese Farben („Acryl Mattfarben von Kreul") haben eine sehr hohe Deckkraft, sind gut zu verarbeiten und trocknen schnell. Gerade mit einem weichen Pinsel lassen sie sich einfach und gleichmäßig auftragen. Eine vorherige Grundierung ist bei dieser Methode auch nicht notwendig.

Mit einem weichen Pinsel lassen sich 50:50 verdünnte Acrylfarben sehr gut zum Lackieren von Depronteilen verwenden

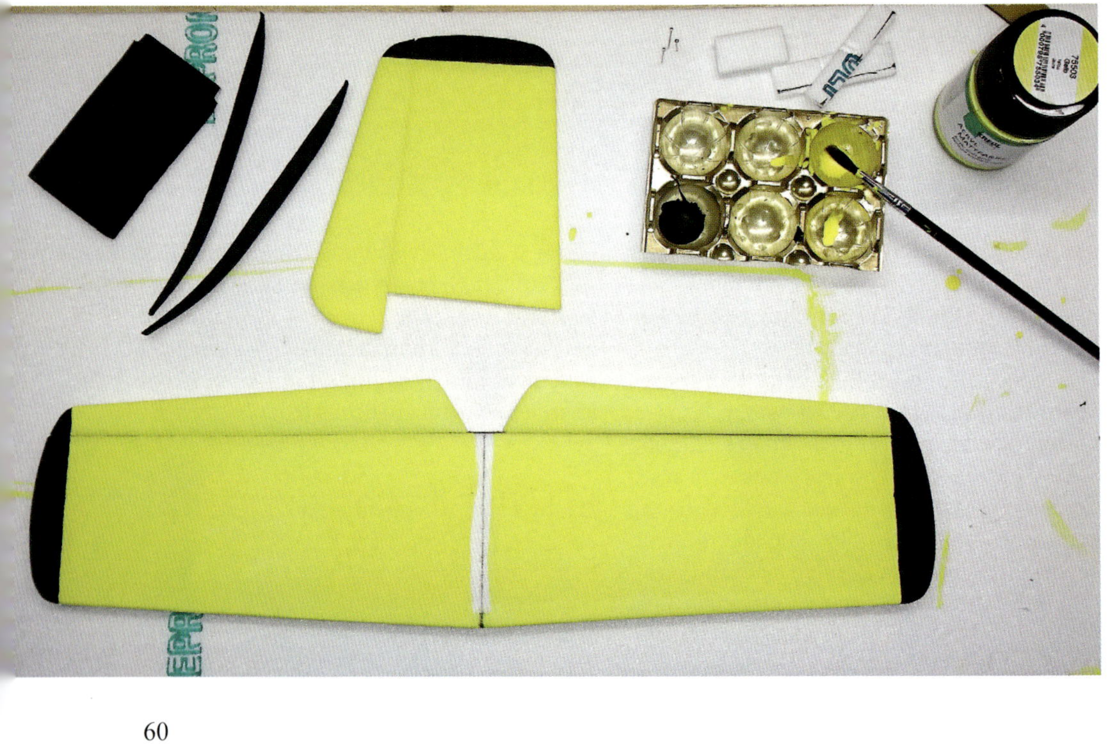

Eine Doubleaction-Airbrush sollte in keiner Modellbauwerkstatt fehlen

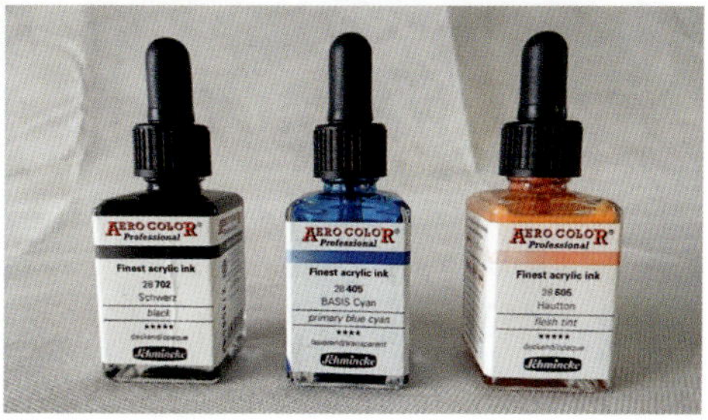

Mit den Farben von Schmincke habe ich sehr gute Erfahrungen gemacht

5.2. Airbrush

Sehr vielseitig, gerade wenn es auch um feine Details geht oder beim Weathering, ist eine entsprechende Airbrushausrüstung, die aber nicht unbedingt sehr teuer sein muss. Eine Doubleaction-Airbrush sollte es aber schon sein, brauchbare Modelle bekommt man schon für etwa 50 Euro. Doubleaction bedeutet, dass man den Luftstrom und den Farbstrom getrennt voneinander, aber trotzdem mit nur einem Finger steuern kann. Hierdurch lassen sich die gewünschte Farbdichte und die Farbmenge kontinuierlich exakt einstellen. Gute Airbrushpistolen haben darüber hinaus noch auswechselbare Düsen und Nadeln. Für unsere Zwecke eignen sich Düsen mit 0,3-0,5 mm, für flächigeren Farbauftrag auch 0,8-mm-Düsen.

Jetzt braucht man natürlich noch Luft. Brauchbare Kleinkompressoren sind schon unter 100 Euro zu bekommen und eine sinnvolle Investition wenn man öfters mit Airbrush arbeiten möchte. Achten sollte man hier aber darauf, dass man ein leises Modell wählt, auch ein Drucklufttank ist ein sehr nützliches Ausstattungsmerkmal eines Kompressors. Er sorgt dafür, dass der Luftstrom nicht pulsiert und dass der Kompressor nicht kontinuierlich läuft, was wiederum die Ohren schont. Nicht sparen sollte man bei den Airbrush-Farben, ich persönlich habe die besten Erfahrungen mit Aero Color Professional von Schmincke gemacht. Diese gibt es in unzähligen Farbtönen, sie sind bereits gebrauchsfertig und sehr ergiebig.

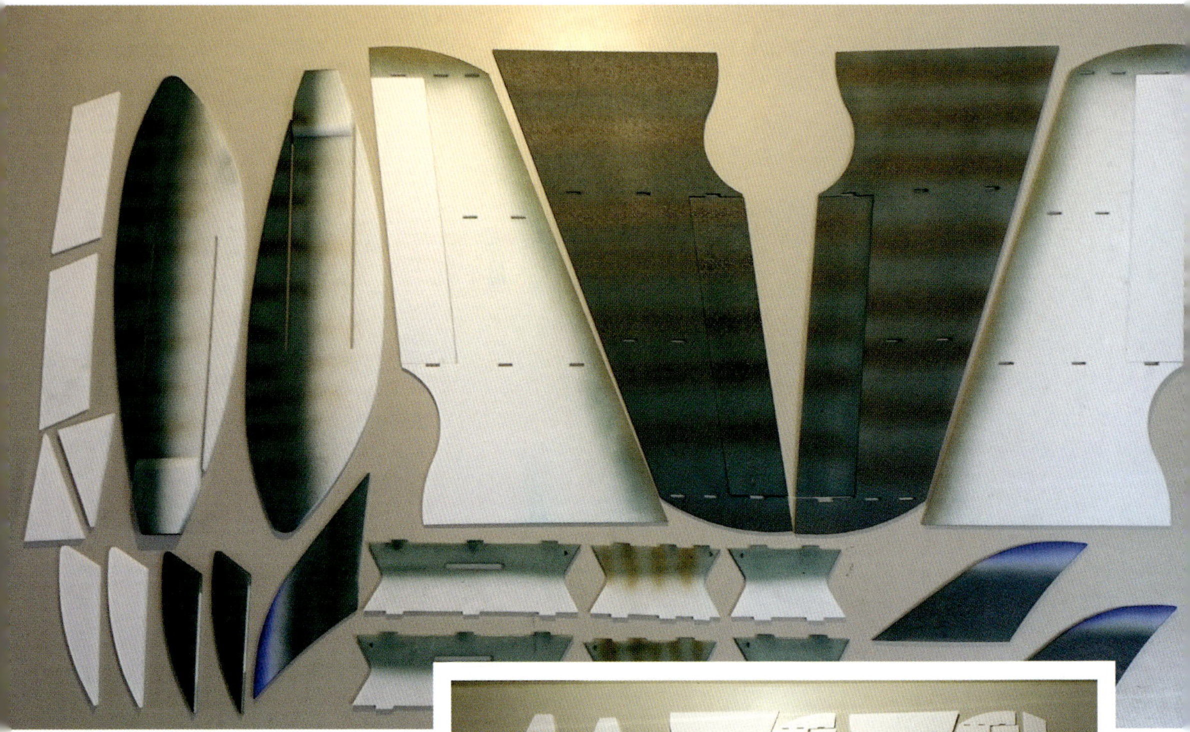

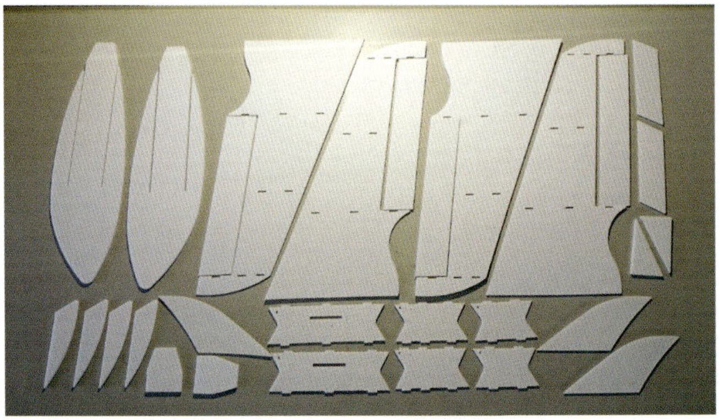

Der Frästeilesatz meines Sharky Boxwing vor und nach dem Lackieren mittels Airbrush

5.3. Decals aus Wasserschiebebildern

Schriftzüge und Details wie auch die Kabinenfenster beim gelben Cabby sind nicht lackiert, sondern aufgeklebt. Dazu habe ich Wasserschiebebilder verwendet wie man sie aus dem Plastikmodellbau her kennt, diese sind sehr dünn und passen sich somit gut den Konturen des Modells an. Entsprechende Grafiken findet man entweder im Internet oder stellt sie sich mit einem Grafikprogramm selber her. Das Erstellen und die größenmäßige und farbliche Anpassung von Grafiken können mit dem kostenlosen Grafikprogramm „Paint.NET“ schnell erledigt werden. Ebenfalls im Internet finden sich tausende Schriftarten zur Erstellung von Schriftzügen. Diese werden einfach auf Ih-

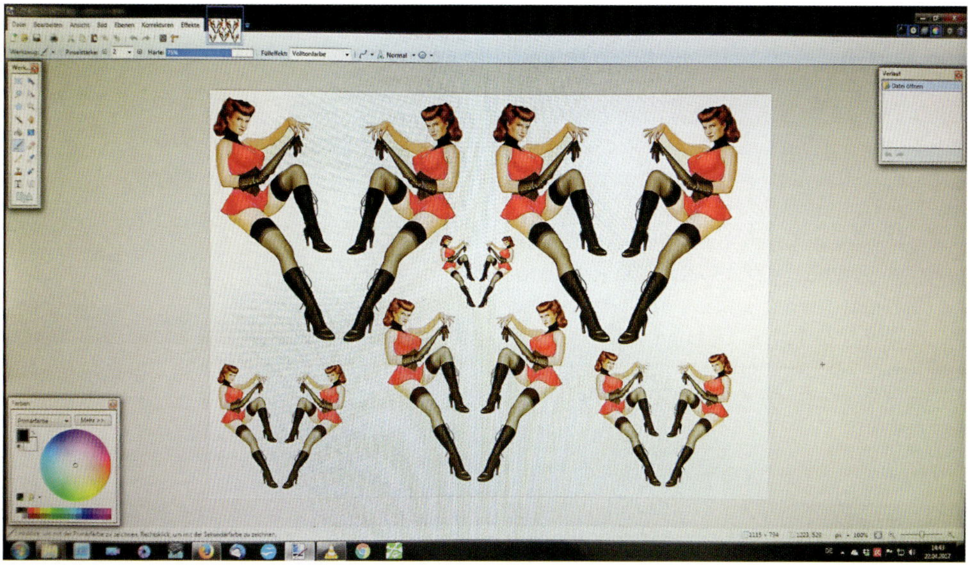

Grafiken und Logos können mit dem kostenlosen Grafikprogramm „Paint.NET" erstellt oder angepasst werden

rem Computer installiert, und anschließend können mit einem Textverarbeitungsprogramm die gewünschten Schriftzüge erstellt werden. Auch hierfür gibt es ein sehr gutes kostenloses Programm, „Apache Open Office".

Nachdem die Grafiken und Schriftzüge angefertigt wurden, müssen sie natürlich auch auf das Modell kommen. Hierzu gibt es entsprechende Transferfolien für Tintenstrahldrucker, die leider nicht ganz billig, aber für unsere Zwecke bestens geeignet sind. Ich habe gute Erfahrungen mit den Decalfolie von www.mediashop-leiser.de gemacht. Diese gibt es zwei verschiedenen Varianten. Für Schriftzüge habe ich die transparenten Folien verwendet, für Logos, wie zum Beispiel Hoheitszeichen, welche einen weißen Hintergrund benötigen, die weißen. Nötig ist der Einsatz weißer Folien, da Tintenstrahldrucker ja keine weiße Farbe drucken können. Nach dem Ausdruck sind die Grafiken zunächst noch empfindlich und nicht wasserfest, daher muss man sie mit einem Klarlack auf Acrylbasis fixieren und ausgiebig trock-

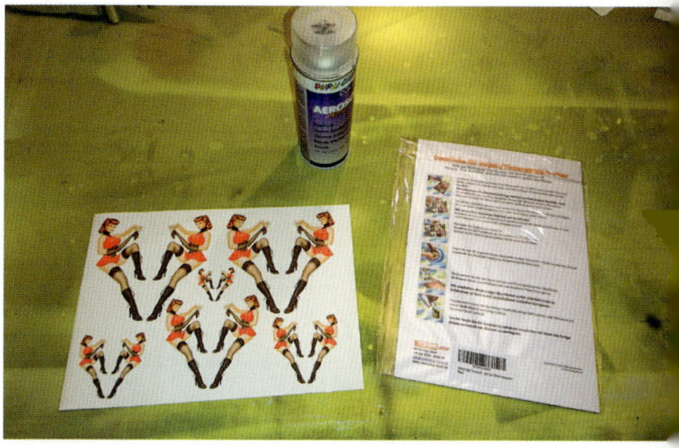

Nach dem Druck fixiert eine Schicht Klarlack die Ausdrucke und macht sie wasserfest

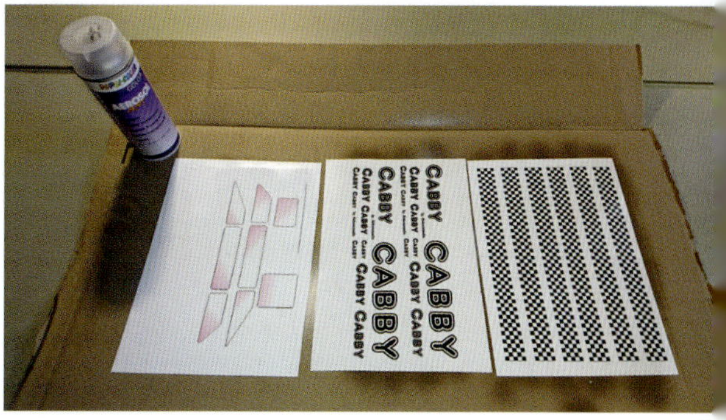

nen lassen, genaue Infos hierzu findet man in der Regel in der Anleitung der Folien. Anschließend kann man die benötigten Teile mit einer Schere ausschneiden. In einem tiefen Teller mit lauwarmem Wasser, ich gebe noch zwei Tropfen Spülmittel hinzu, werden die Decals nun für wenige Sekunden eingeweicht. Dies bewirkt, dass sich das Trägermaterial von der bedruckten Folie löst. Folie und Trägermaterial sollten sich dabei aber noch nicht komplett trennen. Der Schriftzug (mit Trägermaterial) wird nun auf der passenden Stelle am Modell positioniert, die man vorher noch mit etwas Wasser benetzen sollte.

Vorsichtig wird die Trägerfolie zwischen dem Modell und dem Schriftzug herausgezogen

Vorsichtig kann nun das Trägermaterial zwischen dem Decal und dem Modell herausgezogen werden und ebenfalls sehr vorsichtig genau ausgerichtet werden. Wenn die Position passt, tupft man mit einem weichen Papiertuch überschüssiges Wasser ab und lässt das Decal gut trocknen. Die endgültige Wasserfestigkeit bekommen die Decals mit der Klarlackschicht, die als allerletztes auf das fertige Modell aufgesprüht wird.

Die Bilddateien für das gelbe Cabbydesign sind übrigens im Downloadplan enthalten.

Das Ergebnis sind sehr dünne und leichte Logos und Schriftzüge, die sich den Konturen des Modells sehr gut anpassen

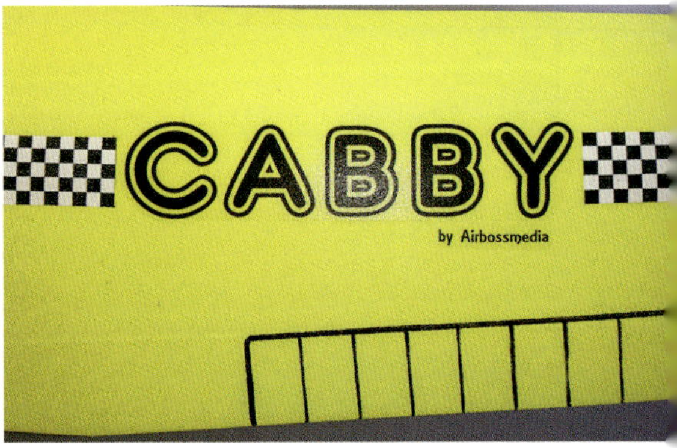

5.4. Design mittels Klebefolien

Es muss aber nicht immer Farbe sein, um ein ansprechendes Design auf sein Modell zu bekommen. Bunte Klebebänder oder gemusterte Klebefolien bieten hier gute Möglichkeiten, ein ansprechendes Design zu erhalten. Auch die Verwendung von Bügelfolien ist hier möglich. Mein Slowly ist zum Beispiel einfach mit farbigem Klebeband, wie es normalerweise zum Tapen von Schaumnurflüglern benutzt wird, beklebt.

Jürgen Bestenlehner hat diese Methode zur Perfektion gebracht, ich empfehle Ihnen hierzu seinen Workshop in Heft 02/2017 der FMT, wo er sich diesem Thema ausführlich widmet.

▲ Der Depronrumpf dieses Jetstream ist mit einer Decofolie mit Holzmuster beklebt

▸ Auch bei seiner Lisa 200 hat Jürgen Bestenlehner die Technik der Folienbeklebung eingesetzt – mit einem fantastischen Ergebnis

5.5 Weathering

Je nach Flugzeugtyp mag ich es, wenn meine Modelle richtig schön alt und ranzig wirken, der Lack unregelmäßig, abgeplatzt und stumpf ist, Dreck in den Panellines sitzt, und die ganze Maschine mit einem schwarzen Nebel aus Öl und Verbrennungsrückständen überzogen ist. Auch Details wie Stiefelabdrücke von den Piloten und dem Wartungspersonal oder leichte Kratzer an der Cockpitverglasung tragen viel zu einem vorbildgetreuen Aussehen bei.

Uns Modellbauern gibt das Weathering unserer Modelle ein breites Spektrum an Möglichkeiten uns hier mal so richtig auszutoben, denn der Grad der Alterung kann natürlich sehr unterschiedlich sein. Von leicht verschmutzt bis kurz vor dem Abwracken ist hier alles möglich und gibt uns eine Möglichkeit unsere Modelle aufzuwerten und zu individualisieren. Natürlich passt ein Weathering nicht auf jedes Modell, bei unserem Cabby wäre es eher unangebracht. Trotzdem möchte ich ein paar Worte zu den Möglichkeiten des Alterns von Modellen sagen.

Weathering eines Modells ist nicht schwer, die verwendeten Methoden sind in der Regel recht simpel. Wichtig hierbei ist eigentlich nur das richtige Vorstellungsvermögen, wie würde das bei einem Original aussehen? Ein Beispiel: Eine Ölfahne an einem Flugzeug wird nie nach vorne oder nach oben fließen, sie bewegt sich natürlich nur in Flugrichtung oder bei einem am Boden stehenden Modell nach unten. Das hört sich jetzt sicherlich ziemlich simpel an, aber das ist genau der Grundsatz, den man im Kopf haben

Ein solches Modell wie meine Macchini im Design einer russischen Kunstflugstaffel ist sicherlich nicht der richtige Kandidat für ein Weathering, Hochglanz steht ihr definitiv besser

Ein klassischer Warbird wie meine T 28 Trojan, übrigens ein Schaummodell, bietet sich hingegen für einen gebrauchten Look geradezu an

muss. Ansonsten besteht außerdem schnell die Möglichkeit, dass man es mit dem Verschmutzen übertreibt. Ein Warbird zum Beispiel soll natürlich richtig schön dreckig und abgenutzt sein, so war das bei den Einsatzmaschinen nun mal. Eine Sportmaschine oder eine Kunstflugmaschine hingegen ist in der Regel eher sauber, da achtet ihr Eigentümer meist schon drauf. Hier muss man einfach schauen, was zum Modell passt.

Hier ein paar Bilder von Depron/EPP Modellen deren Design mit verschiedenen Methoden hergestellt wurden.

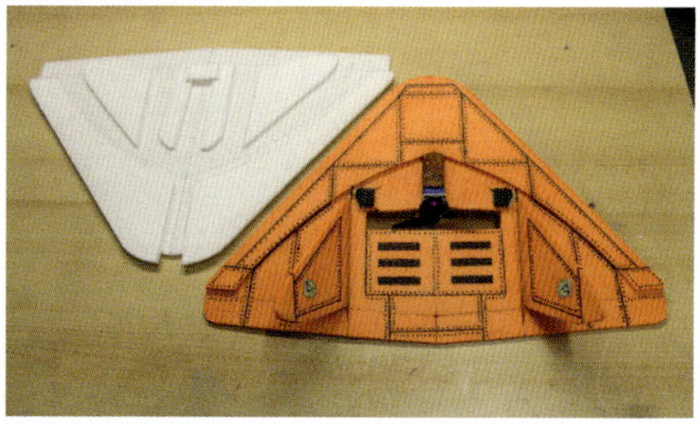

Der kleine EPP-Nurflügler Skunky wurde mit einer Spraydose besprüht und die Panellines, Nieten und Details einfach mit einem schwarzen Faserstift aufgemalt

Meine große Lisa wurde mit Acrylfarben bepinselt, gerade bei so einem klassischen Tarnmuster passt das sehr gut

Mittels Airbrush wurde das zweifarbige russische Tarnmuster meiner Depron Suchoi SU 37 Terminator aufgebracht. Die Panellines sind mit einem Faserstift aufgezeichnet

▸ Ein Sharky Boxwing eines jugendlichen Vereinskollegen von mir mit einem sehr kreativen Pacman-Design, welches einfach mit Faserstiften aufgebracht wurde

6 Einstellen und Auswiegen

Das schönste Modell fliegt natürlich nicht, wenn der Schwerpunkt (Center of gravity, CG) nicht stimmt oder die Ruderausschläge nicht der Konstruktion und auch dem persönlich Flugstil angepasst sind. Manchmal hört man von Kollegen, dass sie den Schwerpunkt einfach im Baukasten gelassen und ihn nicht mit eingebaut haben. Nach meiner Erfahrung klappt das aber leider nicht. In der manntragenden Fliegerei spricht man hier von Weight and Balance, die Berechnungen dazu erfolgen im Rahmen der Flugvorbereitung und ändern sich in der Regel bei jedem Flug. Im Modellflugbereich werden sie normalerweise nur einmal vorgenommen, da sich die Zuladung eines Modellflugzeugs,

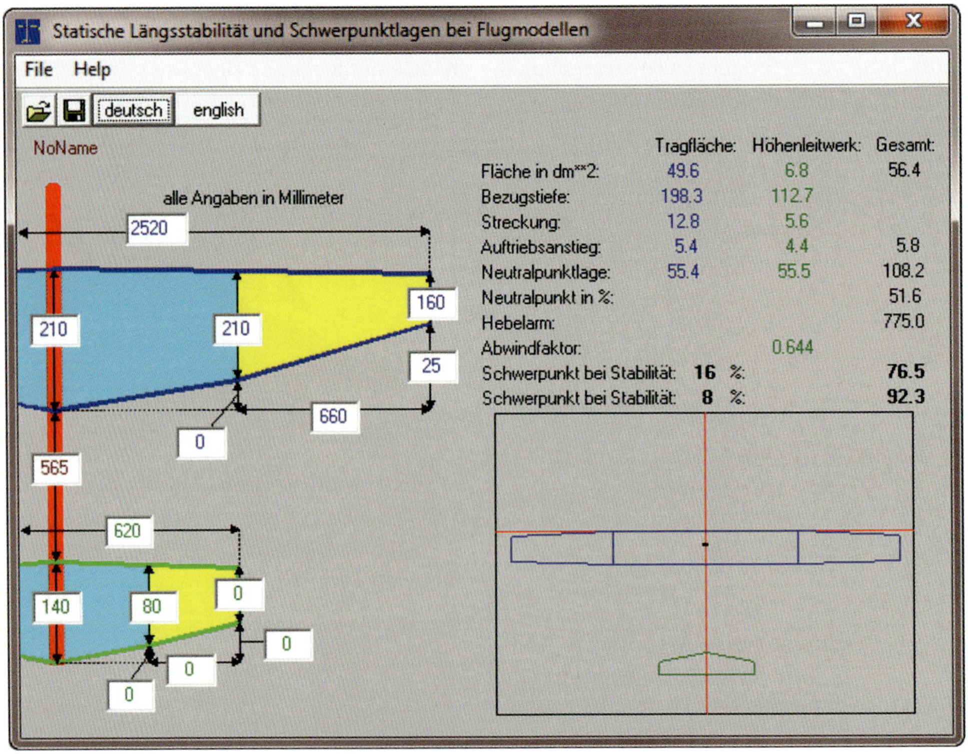

Das Programms WinLaengs ist simpel aber effektiv

Mit einer Schwerpunktwaage kann ein Modell wesentlich exakter ausgewogen werden als mit der Zweifingermethode

Akku oder Kraftstoff, normalerweise wenig oder gar nicht ändern. Bei Verbrennermodellen befindet sich der Tank meist im Schwerpunkt, sodass hier keine Änderung der Balance während des Fluges auftritt, und zum Glück ändert sich die Masse eines Akkus nicht, ob er voll oder leer ist.

Bei Modellen nach einem Downloadplan hat sich der Konstrukteur über den Schwerpunkt bereits Gedanken gemacht, und man sollte ihn auf alle Fälle zunächst einmal übernehmen. Die Ermittlung des Schwerpunktes eines neuen Modells kann z.B. mittels des Computerprogramms WinLaengs, welches man kostenlos im Internet bekommt, erfolgen. Mit Hilfe einfacher Eingaben zur Geometrie des Modells errechnet das Programm einen günstigen Schwerpunktbereich. Andere Programme oder Onlinetools arbeiten ähnlich.

Meist findet man auf dem Plan die Angabe eines Schwerpunktbereichs, für den Erstflug nehmen Sie hier bitte eher den vorderen Bereich als den hinteren. Zur Kontrolle unterstützen Sie das Modell an den angegebenen Punkten und versuchen Sie mit Hilfe des Akkus, welcher ja in der Regel das schwerste Teil des Modells ist, die Balance des Modells so einzustellen, dass die Nase leicht nach unten geneigt ist. Sollten Sie die Balance durch Verschieben des Akkus nicht erreichen, versuchen Sie zunächst eine andere Akkugröße, und/oder verschieben Sie zusätzlich andere Komponenten wie z.B. den Regler oder den Empfänger. Sollte auch dies nicht funktionieren, müssen Sie wohl oder übel mit Ballast arbeiten. Dies sollte aber eher die letzte Möglichkeit sein, da Ballast ansonsten ziemlich unnütz ist in einem Flugzeug.

Diese im VTH-Shop erhältliche Waage ist für leichte Modelle, wie den 145 g schweren Cabby genauso geeignet, wie für Modelle bis maximal 25 kg

Tiefdecker lassen sich übrigens viel besser auf dem Rücken auswiegen

Zwar funktioniert das Auswiegen von Modellflugzeugen meist über die gute alte Zweifingermethode, trotzdem empfehle ich eine der im Handel erhältlichen Schwerpunktwaagen. Mit so einer Waage lässt sich die Einstellung des Schwerpunktes wesentlich komfortabler und genauer erledigen.

In einem guten Bauplan, bzw. in der dazu gehörenden Baubeschreibung, findet man zusätzlich Angaben zur Größe der Ruderausschläge. Natürlich hat hier jeder Pilot eine andere Vorliebe und einen anderen Flugstil, sodass es sich bei den Angaben nur um einen Kompromiss handeln kann. Trotzdem sollte man dem Konstrukteur hier, genauso wie beim Schwerpunkt, trauen und diese Angaben übernehmen. Das Modell wird mit diesen Angaben zunächst einmal sicher fliegen und beherrschbar sein, spätere Anpassungen an den persönlichen Geschmack und Flugstil kann man nach einigen Flügen immer noch machen. Gerade auch bei der Angabe ob und wie viel Expo eingestellt werden soll scheiden sich gerne die Geister. Ich persönlich bin ein Freund von eher höheren Expowerten, wodurch sich die Möglichkeit ergibt, das Modell präzise zu steuern und trotzdem, gerade für den Erstflug, noch Reserven bei den Ruderausschlägen zu haben.

Wenn ich mich auf ein Modell eingestellt habe passe ich diese Werte, genauso wie den Schwerpunkt und die Ruderausschläge, an meine Fluggewohnheiten an. Meist habe ich bei einem unbekannten Modell zunächst 40-50 Prozent Expo, eher große Ausschläge und einen konservativen, also im vorderen Bereich liegenden Schwerpunkt.

Für einen Erstflug mit einem unbekannten Modell fliege ich gerne mit 40-50 Prozent Expotential. Hier die entsprechende Steuerkurve auf meiner FrSky Horus X12S

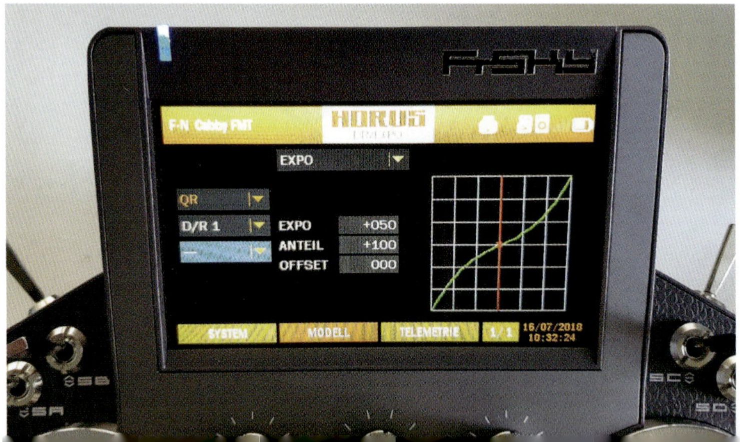

6.1. Der Erstflug

Ein Erstflug ist immer eine spannende Angelegenheit. Ich gebe zu, auch nach 40 Jahren Modellflug bin ich noch immer bei jedem Erstflug angespannt, und dabei ist es egal wie groß, teuer oder aufwendig das Modell ist. Je sorgfältiger man aber vorbereitet ist, umso geringer ist die Gefahr, dass das Modell einen negativ überrascht. Ich checke daher alles lieber einmal mehr als einmal zu wenig. So banal es klingt, der wichtigste Check ist und bleibt die Laufrichtung der Ruder zu überprüfen. Ein falsch herum laufendes Querruder bei einem Erstflug mit einem unbekannten Modell dürften nur die wenigsten von uns ausgleichen können. Daher lautet mein wichtigster Tipp, das Modell checken, checken und noch einmal checken.

7 Wasserflug

Eine sehr faszinierende Art Modellflug zu betreiben ist die des Wasserflugs. In den letzten Jahren, und da hat gerade der Werkstoff Depron einen sehr großen Einfluss, ist diese Modellflugart aus seiner vorher sehr kleinen Nische herausgekommen. Viele Hersteller bieten hier inzwischen sogar Bausatz- oder ARF-Modelle, in der Regel aus Schaum, an. Doch darauf muss man gar nicht zurückgreifen, auch im Bereich der Downloadpläne gibt es immer mehr Flugboote oder Modelle mit Schwimmern, zum Beispiel die Modelle Dornier DO-14 und Hansa Brandenburg meines Autorenkollegen Jörg Pfister.

Die Baupläne zu diesen beiden schicken Modellen sowie die Frästeilesätze sind beim VTH-Verlag erhältlich. Ebenfalls als Downloadplan erhältlich sind die Modelle Volmer VJ 22 Sportsman und Judi Seajet meines Freundes Jürgen Bestenlehner.

Es muss aber noch nicht einmal ein spezielles Wasserflugzeug sein, auch viele Landflugzeuge lassen sich mit ein paar Schwimmern auf Wasserflugmodelle umrüsten, so auch unser Cabby. Ich habe einen meiner beiden Cabby mit so genannten Hilmarschwimmern ausgerüstet. Diese Universalschwimmer wurden von Hilmar Lange entworfen

Ein einfacher kleiner Wasserflieger, die Do-14 von Jörg Pfister. Sie ist sowohl für Wasserfluganfänger wie für Deproneigenbau-Einsteiger geeignet

Ebenfalls von Jörg Pfister, die in ihrer Auslegung etwas ungewöhnlichere aber schicke Hansa Brandenburg

◂ Volmer VJ 22 Sportsman und Judi Seajet ▸ von Jürgen Bestenlehner

und lassen sich, passend skaliert, an sehr viele Modelle montieren. Goggeln Sie einfach mal nach „Hilmarschwimmern“.

Neben Schwimmern sind ein paar weitere kleine Anpassungen an die etwas andere Art der Start- und Landebahn erforderlich. An erster Stelle ist hier der Schutz unserer empfindlichen Elektronik zu nennen. Gerade die Regler sind nicht sehr begeistert, wenn sie nass werden. Insbesondere nicht, wenn es sich dazu auch noch um Salzwasser handelt. Absolut bewährt hat sich hier ein Kriechöl namens Wet Protect. Regler und eventuell auch die Servoelektroniken werden einfach damit eingesprüht und sind somit vor der Feuchtigkeit geschützt. Empfänger sind natürlich ebenfalls feuchtigkeitsempfindlich, diese behandele ich aber nicht mit Wet Protect. Der Nachteil dieser Methode ist, dass

Der 1. Prototyp meines Cabby ist inzwischen mit Hilmarschwimmern ausgerüstet. Entstanden ist der Umbau zum 1. Wuppertaler Indoorwasserfliegen, welches in einem Schwimmbad stattfand

Meine Lisa 200 fühlt sich auch auf dem Wasser sehr wohl, auch für dieses Modell und die kleine Schwester Lisa ist ein Downloadplan erhältlich

die Bauteile nach einer Behandlung mit einem leichten öligen Film überzogen sind. Ich versuche daher den Empfänger im Modell so zu positionieren, dass er nicht nass wird. Beachten sollte man bei der Auswahl der Position aber, dass das Modell auch schon mal auf dem Rücken liegen kann. Brushlessmotoren sind übrigens absolut wasserunempfindlich, sie funktionieren sogar unter Wasser. Einen Tropfen Öl auf die Kugellager sollte man ihnen aber nach einem Wasserflugtag gönnen.

Das Wasserfliegen an sich ist ein etwas anderes fliegen als das mit einer festen Start- und Landebahn. Gerade das Anwassern und Abwassern macht hier den größten Reiz aus und wird daher nicht nur zu Beginn und Ende eines Fluges gemacht. Manch einer startet und landet unaufhörlich oder gleitet und drif-

Wasserfliegen ist mehr als fliegen, gerade das An- und Abwassern macht einen großen Teil des Reizes aus. Hier das fantastische Depron-Semiscalemodell Nieuport VI H von Wolfgang Braun

Klein aber oho! Die Beriev Be 103 von Jürgen Bestenlehner, das Modell sieht schick aus und fliegt toll. Beim Anwassern (Landen) verlangt sie vom Piloten aber viel Aufmerksamkeit

tet einen Großteil seiner „Flugzeit" auf dem Wasser herum. Und ob man es glaubt oder nicht, eine „Landebahn" aus Wasser kann härter sein, als eine aus Beton. Gerade beim Wasserfliegen sollten daher die Landungen perfekt sein, ansonsten geht es dem Modell wie einem flachen Stein, der über das Wasser flitscht.

Das gesamte Thema Wasserflug hat mein Autorenkollege Jörg Pfister umfassend in seinem fantastischen Buch „RC-Wasserflugmodelle – Konstruktion und Optimierung" sehr kompetent beschrieben. Sein sehr empfehlenswertes Buch ist im VTH-Verlag unter der Bestellnummer 3102251 erhältlich.

Tolle Abendstimmung am See mit spiegelnden Lichtern der beiden Slowly, einer Konstruktion von Christian Huber, von der ebenfalls ein Downloadplan inklusive Schwimmern erhältlich ist

8 Besondere Arten der Depronverarbeitung

Neben der klassischen Methode Depron manuell zu bearbeiten gibt es einige weitere Bearbeitungsverfahren, die sich aber nur anbieten, wenn größere Mengen oder ganz spezielle Bauteile erstellt werden müssen. Um gelegentlich ein Modell nach einem Bauplan zu bauen sind sie in der Regel nicht erforderlich, der Vollständigkeit halber möchte ich Ihnen aber trotzdem einen kleinen Einblick in diese Verfahren geben. Vielleicht hat der ein oder andere von Ihnen ja auch das Interesse, sich tiefer mit diesen Thematiken zu beschäftigen, wozu ich ihn gerne ermutigen möchte.

8.1. Fräsen

CNC-Fräsen sind inzwischen in Preisregionen gekommen, die sie auch für Hobbyanwender interessant machen. Auch der Eigenbau einer CNC-Fräse ist heutzutage kein Hexenwerk mehr. Ich besitze ein Haase CUT 2000 Fräse mit einer Bearbeitungsfläche von 1.000×580 mm. Diese Fräse ermöglicht es, neben dem Fräsen von zum Beispiel Holz, GFK/CFK, ABS und anderem, natürlich auch Depron zu verarbeiten.

Die zu fräsenden Bauteile müssen dazu zunächst im CAD (Computer Aided Design, also Computer unterstütztes Konstruieren) erstellt werden. CAD-Programme sind in einem breiten Preisspektrum erhältlich, von kostenlos bis zu einem fünfstelligen Eurobetrag. Ein Catia oder ein AutoCad ist dabei absolut nicht nötig. Das zum Beispiel für Privatanwender kostenlose DraftSight von Dassault Systèmes ist für unsere Zwecke absolut ausreichend.

Das kostenlose DraftSight 2018 ist ein CAD-Programm zur Erstellung von 2D-Konstruktionszeichnungen, die als Grundlage für einen Plan oder eine Fräsdatei dienen. Hier ist die dwg-Datei des Cabby im Programm geladen und kann bearbeitet werden

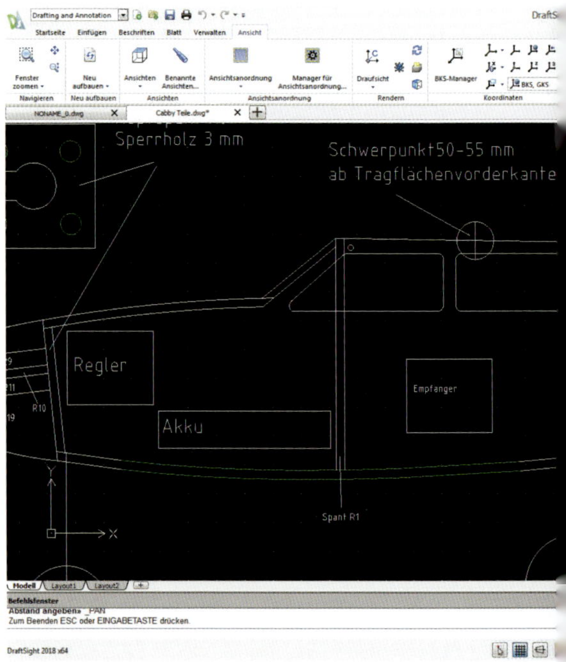

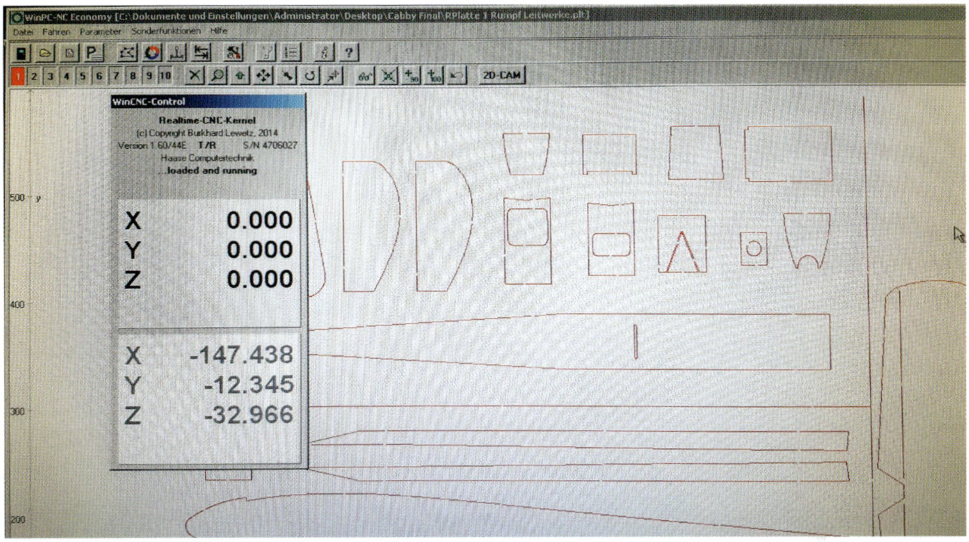

Die Ansteuerung der CNC-Fräse erfolgt über eine Software, in diesem Fall ist in WinPC-NC eine plt-Datei des Cabby geladen

Anschließend müssen die Daten noch in ein für die Fräse verständliches Format, zum Beispiel das plt-Format, umgewandelt werden. Dies kann entweder durch das CAD-Programm direkt erfolgen oder aber über Tools wie Estlcam. Mit diesen Tools werden unter anderem Radienkorrekturen durchgerechnet, je nach Dicke des verwendeten Fräsers muss dabei die Fräsbahn angepasst werden. Auch das Setzen von Stegen, die während des Fräsvorgangs ein Verrutschen der Bauteile verhindern, wird durch diese Tools durchgeführt. Im eigentlichen Fräsprogamm können dann noch weitere Parameter wie die Ausrichtung der Bauteile, Fräsgeschwindigkeit und Frästiefe eingestellt werden, sofern sie nicht schon durch das CAD-Programm oder die Tools vorgegeben sind.

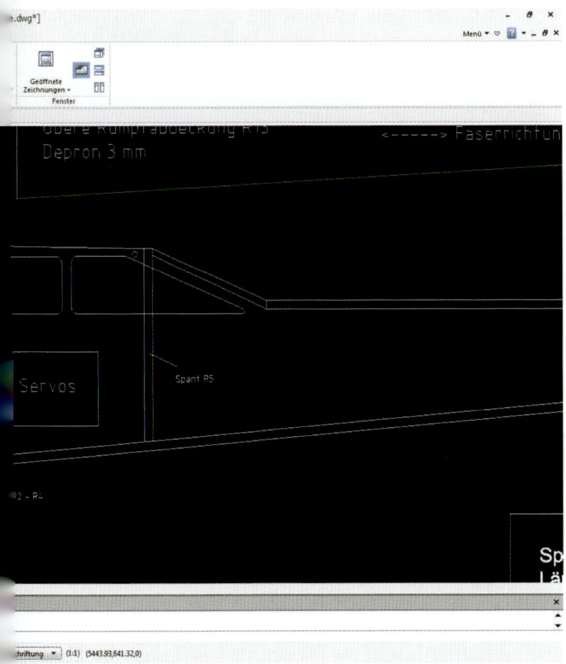

Einige Besonderheiten sind beim Fräsen von Depron zu beachten. Die Fräsgeschwindigkeit sollte, genauso wie die Drehzahl der Frässpindel und die Frästiefe, an das verwendete Material angepasst sein. Im Falle von Depron sollten alle drei Faktoren eher im unteren Bereich liegen, um ein Schmelzen und Verklumpen des Deprons zu verhindern. Hier zeigt sich wieder, dass Depron ein Dämmmaterial ist, welches Wärme sehr schlecht weiterleitet. Aus dem gleichen Grund verwende ich bei Depron nur eine Di-

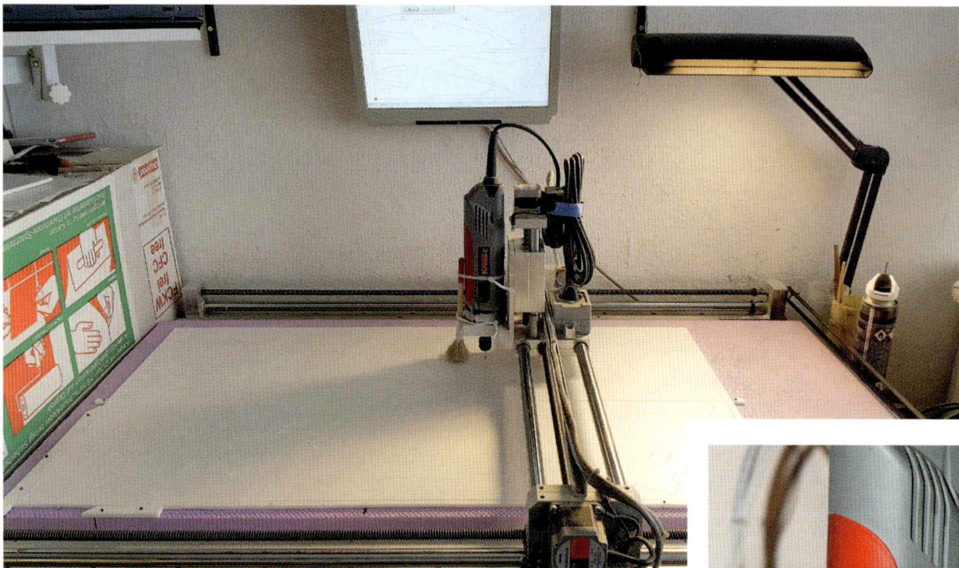

CNC-Fräsen gibt es inzwischen auch in Preisregionen, die auch für den normalen Modellbauer interessant werden. So groß wie meine Haase Cut 2000 mit ihren 1.000×580 mm großem Arbeitsbereich muss es natürlich gar nicht sein

Der Fräsmotor sollte bei Depron mit niedrigen Drehzahlen betrieben werden, höhere Drehzahlen können zum Schmelzen und Verklumpen des Deprons führen

Mit einem 1-mm-3-Schneider habe ich die besten Erfahrungen gemacht, der Abrieb ist mit diesem Fräser sehr gering. Durch seine geringe Berührungsfläche mit dem Depron produziert und überträgt er außerdem nur sehr wenig Wärme

cke des Fräsers von 1 mm. Hierdurch wird der Abrieb verringert, was dazu beiträgt, dass nur wenig Depronstaub in der Fräsbahn liegt, der sich verklumpen könnte.

Eine Styrodurplatte dient mir beim Fräsen als Opferplatte. Das Depron wird dabei einfach mit Stecknadeln auf dieser Platte befestigt. Das Fixieren des Deprons über einen Vakuumtisch ist ebenfalls möglich.

Wenn man diese Punkte beachtet, ist Depron ein eher leicht zu fräsendes Material.

Mit einer CNC-Fräse geschnittene Bauteile, wie hier für eine Hansa Brandenburg, sind absolut präzise und müssen wenig bis gar nicht nachbearbeitet werden

Natürlich muss man nicht unbedingt auf CNC-gefräste Bauteile verzichten, wenn man keine eigene Fräse besitzt. Für viele Modelle, wie hier für die Lisa, gibt es im VTH-Shop fertige Frästeilesätze

8.2. Depron tiefziehen und spalten

Um komplexe Formen herzustellen gibt es die Möglichkeit Depron tiefzuziehen, ein Verfahren, welches viel Erfahrung erfordert und gerade in der Anfangszeit viel Ausschuss produziert. Da ich mich mit diesem Thema eher schlecht auskenne, Ihnen aber gerne ein paar Infos zu dieser Art Depron zu verarbeiten anbieten möchte, habe ich meinen Autorenkollegen Jürgen Schönle um Unterstützung gebeten.

Hier ein paar Worte von Jürgen Schönle zur seinen Erfahrungen:

Dass man Depron oder depronähnliches Material thermisch im Vakuumverfahren verformen kann ist längst kein Geheimnis mehr. Die Modellbaubranche hatte schon vor etwa 10 bis 15 Jahren wunderschön tiefgezogene Bausätze im Programm. Die bekanntesten sind wohl der Sunny Boy von Simprop oder die Warbirdmodelle von Alfa Models. Auch die Lebensmittel- und Verpackungsindustrie setzt dieses Verfahren schon lange ein. Beispielsweise werden diverse Lebensmittel in tiefgezogenem Schaum verkauft oder auch beim Imbiss um die Ecke werden oft tiefgezogene Schäume als Verpackung verwendet.

Darum könnte man vermuten, dass es doch ein recht einfaches Verfahren ist oder?

Aber der Reihe nach, wie funktioniert das Ganze?

Im Gegensatz zum herkömmlichen PET-Tiefziehen nimmt jeglicher Schaum die Temperatur sehr schlecht an und hält diese nicht lange. Somit braucht man auf jeden Fall eine integrierte Heizung, die am besten über die komplette Arbeitsfläche die passende Temperatur gleichmäßig liefert. Dann benötigt man noch einen Vakuumtisch, auf dem

Dieser wunderschöne, nur ca. 45 g leichte Sikorsky S-58 wurde aus Depron tiefgezogen, die Mechanik stammt vom einem Blade mCPX. Der kleine Hubschrauber posiert vor einem Heckrotorblatt eines Original S-58

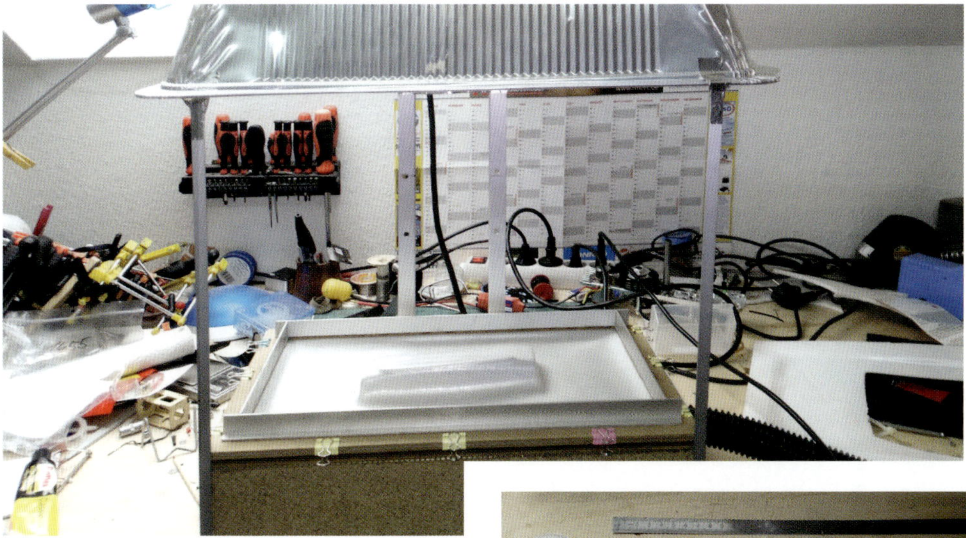

Die Tiefziehmaschine mit frisch produziertem Tiefziehteil

Die beiden Rumpfhälften einer PBY Catalina aus Depron tiefgezogen. Als Urform dient ein Plastikmodell

dann das Urmodell Platz findet, worüber das Depron tiefgezogen wird. Um kleine einfach Versuche zu machen, habe ich mit einem handelsüblichen Haushaltsstaubsauger und einem ausrangierten Elektrogrill experimentiert. Dazu wurde eine kleine Vakuumbox gebaut und der Staubsauger daran angeschlossen. Darüber habe ich eine Heizspirale gehängt, schon konnte ich mit dem Experimentieren beginnen.

Schnell stellte ich fest, dass es keine einheitliche Temperatur oder Heizzeit gibt, und sich jedes Stück Schaum anders verhält. Somit musste ich mir ein Gefühl aneignen welches mir sagt, ob das Material ausreichend aufgeheizt ist, um nicht zu verbrennen und dennoch weich genug ist, damit es sich komplett um das Urmodell schmiegt. Nach einer gefühlten Ewigkeit bekam ich einigermaßen kontrollierte Ergebnisse, und es fing an Spaß zu machen. Die Schwierigkeit dabei war weiterhin das gleichmäßige Aufheizen des Materials. Das Problem war, dass man nicht nur die Oberseite gleichmäßig erhitzen muss, sondern eigentlich auch die Unterseite.

Ab 3 mm starkem Depron, also dem normal erhältlichen, ist eine doppelte Heizung fast unumgänglich. Da mir dieses aber zu umständlich war, und ich sowieso nur Kleinteile ziehen wollte, entschied ich mich, mit dünneren Materialen zu experimentieren.

Angefangen habe ich mit gekauftem dünnem Schaum. Diesen gibt es z.B. als Architekturbedarf oder auch beim Sperrholzshop oder bei Baytec Modellbau. Es handelt sich dabei um einen Depron sehr ähnlichen Schaum in unterschiedlichen Stärken. Meistens wird er als 1-mm-Material angeboten.

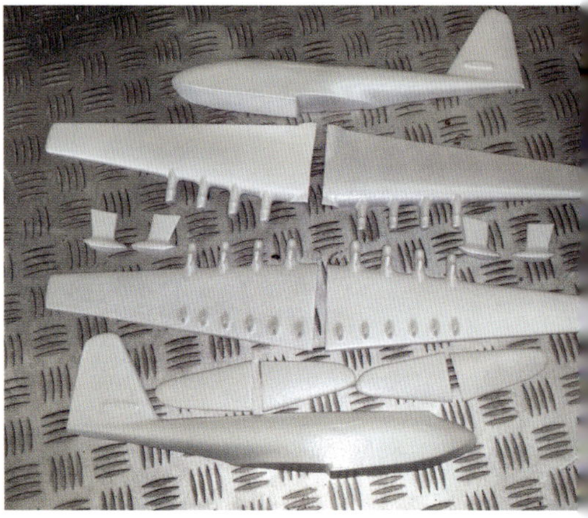

Der nur 4,5 g leichte Tiefziehteilesatz einer Hughes H4 mit 50 cm Spannweite

Die fertige Junkers Ju 87 von Jürgen Schönle mit einem Abfluggewicht von 51 g bei einer Spannweite von 57 cm, selbst der Pilot ist aus mehreren Teilen tiefgezogen

Dieser lässt sich super tiefziehen und ist einfach zu bekommen. Dies ist vorteilhaft, da man doch, gerade anfangs, einen recht beachtlichen Ausschuss produziert. Leider hat dieser Schaum den Nachteil, dass er durch die beiden harten Randschichten nicht sehr viel leichter ist als normales 3-mm-Depron, dabei aber doch deutlich instabiler. Für kleine ultraleichte Modelle ist dieser eher zu schwer und für größere Modelle zu instabil. Also kam doch der Versuch, gespaltenes Depron tiefzuziehen.

Dazu habe ich mir einen Styropor-Heißdrahtschneider soweit umgebaut (Depron-geige) dass ich mittels heißen Drahts eine 3-mm-Depronplatte in der Mitte durchschneiden konnte. Durch dieses Verfahren bekam ich Depronplatten, die zwar nur noch eine glatte Oberfläche hatten, aber diese waren deutlich leichter als das gekaufte Material. Mit dem Abbrand gerechnet hatten die Platten eine Stärke von ca. 1 mm. Dies hat hervorragend funktioniert was mich ermutigte, weitere Versuche mit noch dünnerem Material zu machen. Mit der passenden Einstellung kann ich heute im Extremfall eine Materialstärke von 0,1/0,2 mm herstellen und habe diese auch schon verarbeitet.

9 Bauanleitung für das Slowflyermodell Cabby

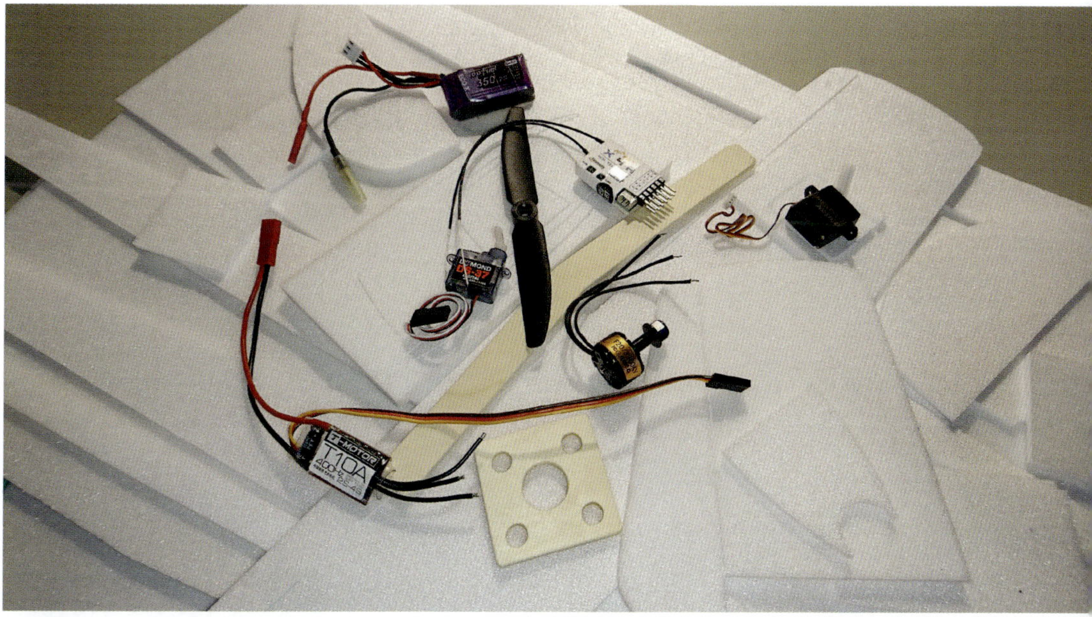

Hier ist unser Cabby noch in seinen Einzelteilen – doch das wird sich bald ändern

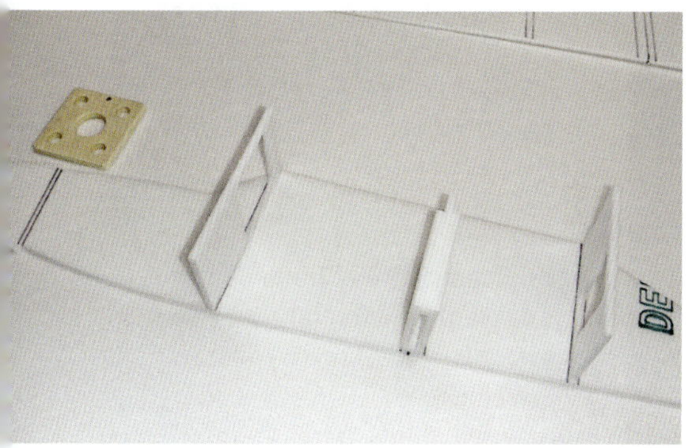

Die Spanten werden auf eine Rumpfseite geklebt

9.1. Bau des Rumpfes

Wenn nicht gerade ein Shockflyer, das Synonym für Modelle mit Silhouettenrumpf, gebaut werden soll, besteht der Rumpf eines Downloadmodells in der Regel aus Spanten, Rumpfseitenteilen sowie einem Rumpfboden, Rumpfrücken und meist noch einer Motorhaube, so auch bei unserem Beispielmodell.

Der Rumpf des Cabby besteht aus den Teilen R1 bis R19. Die Spanten R1 bis R6 werden zunächst auf ein Rumpfseitenteil R7 geklebt. Der Hauptfahrwerksspant besteht aus den Teilen R2 bis R4, diese werden einfach zusammengeklebt. Das dreieckige Innenteil R3a dabei noch nicht verkleben. Anschließend die zweite Rumpfseite R7 aufkleben, beachten Sie hier unbedingt, dass alle Teile genau ausgerichtet sind, damit der Rumpf gerade wird. Als nächstes wird die untere Rumpfabdeckung R8 verklebt. Dies klappt sehr gut mit der in Kapitel 4.8.2 beschriebenen Backpapiermethode.

9.1.1. Fahrwerk und Anlenkungen

Fertigen Sie nun nach Plan den Kopfspant R9 aus 3 mm starkem Sperrholz. Das Bugfahrwerk wird aus 1,2-1,5 mm Stahldraht, Bowdenzugröhrchen, einem Servohebel, Zwirnfaden und ein paar Holzresten gebaut.

Die Schubstangen, (zweimal 410 mm lang, einmal 250 mm lang) bestehen aus 1 mm starken CFK-Rundstab. An jeweils einem Ende wird aus 0,8 mm starkem Stahldraht und etwas Schrumpfschlauch eine Z-Kröpfung montiert. Damit die Teile besser haften, sollte man den Draht und die Schubstange vor dem Schrumpfen mit etwas UHU-Por bestreichen. Wenn Sie den Schrumpfschlauch mit dem Feuerzeug schrumpfen beachten Sie bitte, dass UHU-Por brennen kann, schrumpfen Sie daher besser mit einem Lötkolben. Die jeweils andere Seite der drei Schubstangen lassen Sie erst noch frei.

Anschließend wird der Spant mit dem montierten Bugfahrwerk und der kurzen Schubstange zwischen den beiden Rumpf-

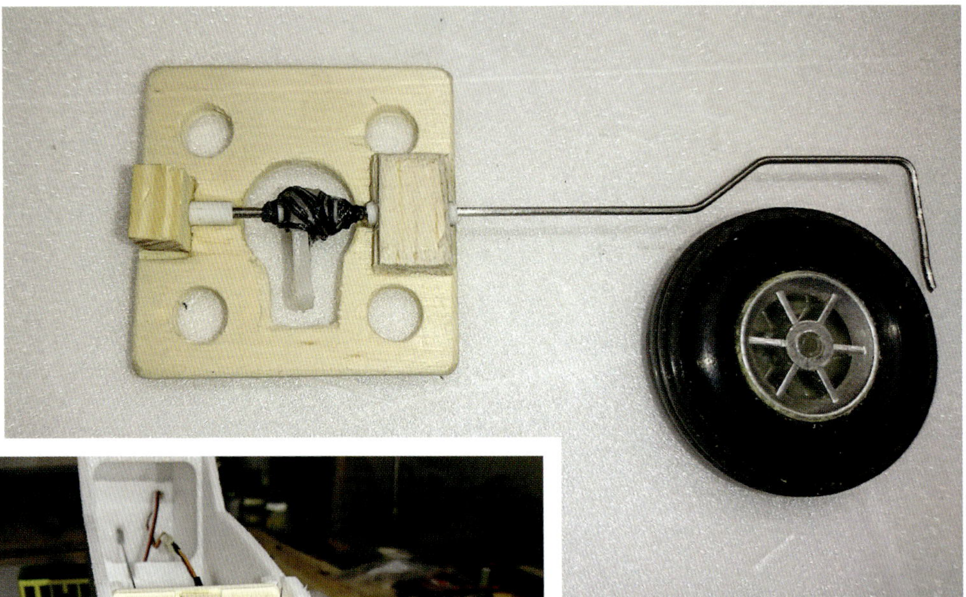

Der Kopfspant R9 aus 3-mm-Sperrholz trägt das lenkbare Bugfahrwerk des Cabby ...

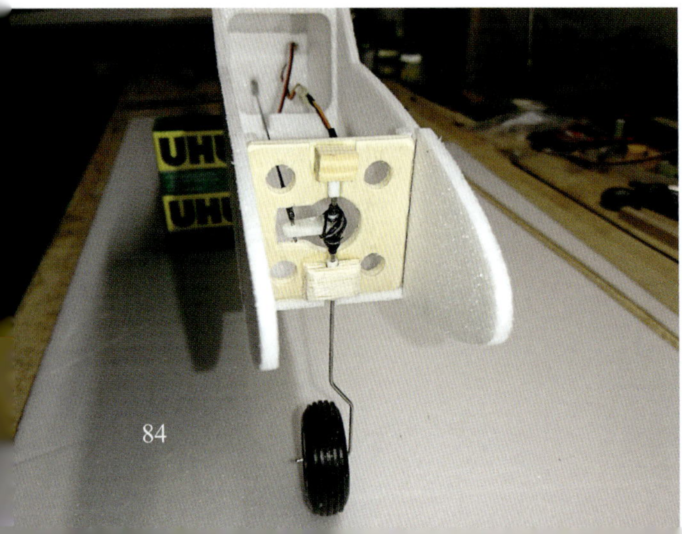

... er wird zwischen die Rumpfseitenteile eingeklebt

seitenteile R7 verklebt. Für die Schubstange müssen Sie noch Aussparungen in die Spanten R1 bis R4 machen, um sie zur Position des Seitenruderservo zu leiten. In die Ecken des Akkuraums werden dann noch zwei 3×3-mm-Vierkantleisten aus Depron oder aus Balsaholz geklebt.

Die beiden Servos für Seite und Höhe werden, nachdem Sie die Schubstanken eingehängt haben, mit einem Streifen Tesafilm umwickelt und anschließend mit etwas UHU-Por an die Rumpfseiten und den Boden eingeklebt. Die kurze Schubstange des Bugfahrwerks wird nun mit einem Stück Schrumpfschlauch mit der Schubstange des Seitenruderservos verbunden. Achten Sie bitte hier darauf, dass die Drehrichtung von Seitenruder und Bugrad zueinander passen.

Biegen Sie nun aus 1,5 mm starkem Stahldraht das Hauptfahrwerk. Die Maße entnehmen Sie bitte dem Plan, passen es aber an die von Ihnen verwendeten Räder an. Das Modell sollte so ausgerichtet sein, dass der untere hintere Teil des Rumpfes parallel zum Boden verläuft. Das Fahrwerk wird nun in den passenden Schlitz des Spantes R3 eingeschoben. Das dreieckige Abschlussteil R3a kleben Sie zunächst noch nicht ein, so können Sie das Hauptfahrwerk zum Lackieren noch demontieren.

Die Servos für Höhe und Seite werden einfach in den Rumpf eingeklebt und die Anlenkung erfolgt über CFK-Schubstangen

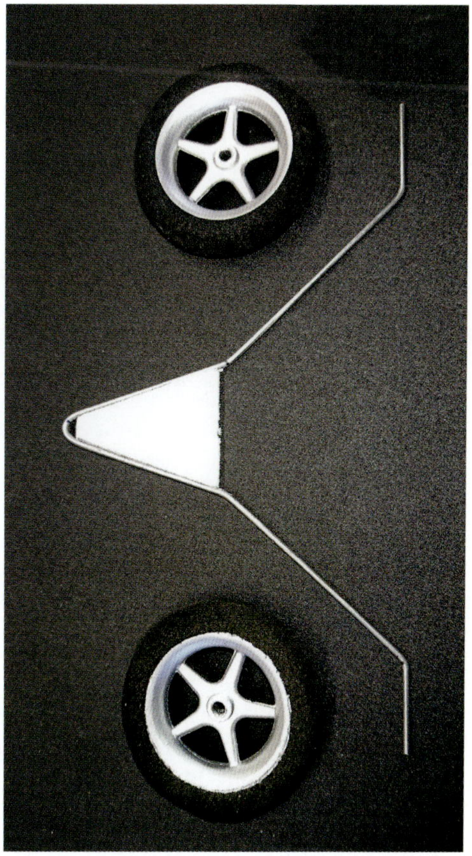

Die Teile des Hauptfahrwerks, Stahldraht, Depron und zwei leichte Räder

Die Fahrwerkseinheit wird anschließend in den Schlitz von Spant R3 eingeklebt, am besten erst nach dem Lackieren

Das erste Mal auf den eigenen Beinen

9.1.2. Einbau des Antriebs

Unser Modell kann jetzt schon mal auf eigenen Beinen stehen, daher widmen wir uns nun dem Antrieb. Ich beschreibe hier den Einbau des empfohlenen Motors, wenn Sie einen anderen Motor verwenden müssen Sie hier natürlich Anpassungen vornehmen. Aus 1 mm starkem GFK-Material, oder auch aus Sperrholz fertigen Sie den im Plan eingezeichneten Motorträger R19 und bohren die beiden 2-mm-Löcher. Schrauben Sie nun den Motor an diesem Spant fest. Aus den drei Depronteilen R9 bis R11 fertigen Sie nun den Motorträger. Mit einem kleinen Stück Klebeband schützen Sie nun den hinteren Teil der Motorwelle vor Klebstoff und verkleben anschließend den GFK/Holzspant R19 an den Depronmotorträger aus den Teilen R9-R11. Diese Verklebung sollte aus Festigkeitsgründen unbedingt mit 5-min-Epoxydharz gemacht werden. Versehen Sie die Teile R9 bis R11 nun noch mit einem passenden Ausschnitt für den Bugradanlenkungshebel und kleben die gesamte Einheit nun so auf den Sperrholzkopfspant R9, dass die Motorach-

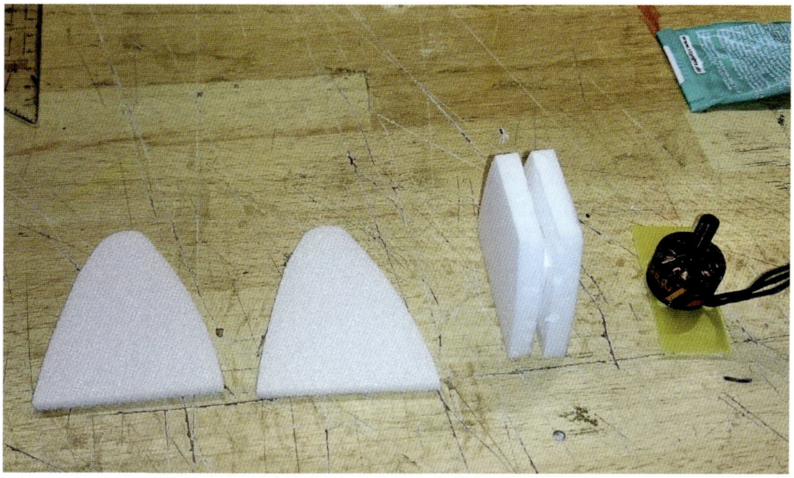

Die Bauteile des Motorträgers vor der Montage

Achten Sie hier auf den richtigen Motorsturz

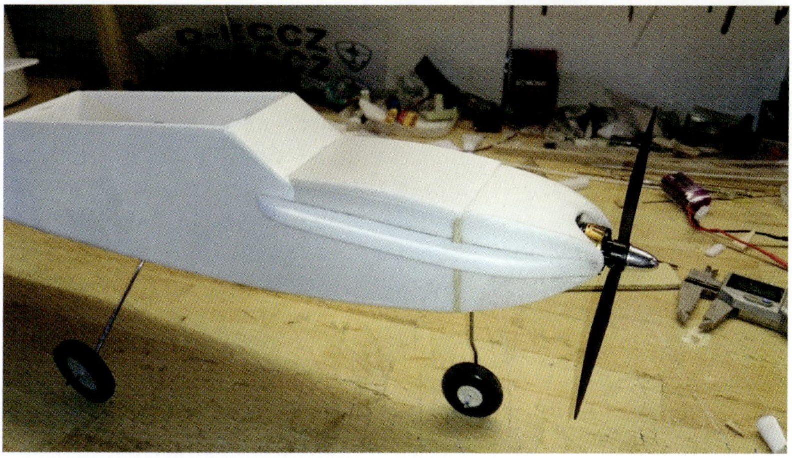

Hier ist der Motor komplett eingebaut, verkleidet und verkabelt

se genau an der Spitze des Modells herauskommt. Wenn Sie die Seitenteile vorher etwas walken lassen sie sich nun leicht an die Kontur des Motorträgers anpassen und verkleben. Ein kleiner Depronrest wird nun noch auf den oberen Motorträger geklebt und so verschliffen, dass mit dem Teil R12 der Motorraum verschlossen werden kann.

Die Tragfläche des Modells wird klassisch mit Gummibändern befestigt, hierzu werden im Rumpf zwei 2 mm starke CFK-Rundprofile eingeklebt. Damit diese im Depron nicht ausreißen stellen Sie vier Verstärkungen mit den Maßen 10×10×1 mm aus dünnem Sperrholz, Balsaholz oder CFK her. Mit der hinteren oberen Rumpfabdeckung R13, der Windschutzscheibe R14 und der Heckscheibe R15 geht's dann weiter. Jetzt nur noch aus Teil R16, kleinen Magneten und einer Stecknadel die Abdeckklappe für den „Tankraum", unseren jetzigen Akkuraum, herstellen.

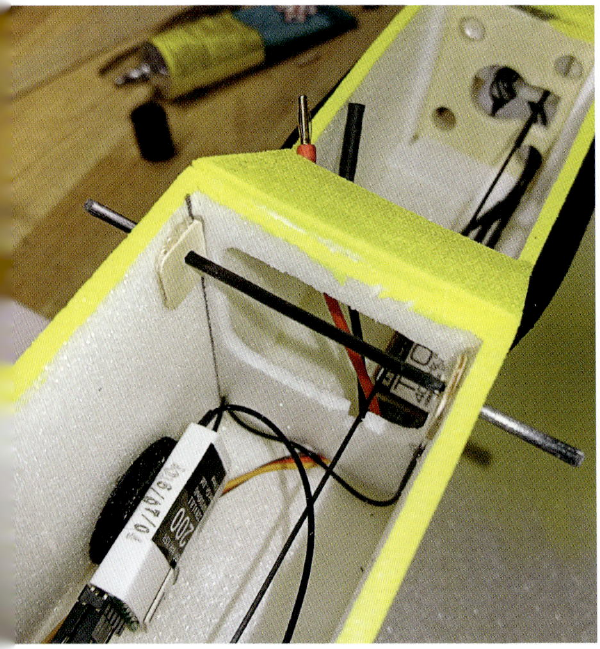

Die Tragflächen werden im Retrostil mit Gummibändern befestigt, hierzu werden CFK-Rundprofile in die Rumpfseiten eingeklebt und mit Holz verstärkt

Die Motorträgerattrappen tragen stark zum klassischen Erscheinungsbild des Modells bei

Bevor wir uns den Leitwerken widmen fehlt jetzt nur noch eine Kleinigkeit. Sehr zum Erscheinungsbild eines Trainermodells aus den 70er Jahren trägt natürlich die Attrappe des Motorträgers des damaligen Verbrennungsmotors bei. Bei unserem Cabby bestehen sie einfach nur aus den beiden 6-mm-Deponteilen R17 und R18. Sie werden seitlich an den vorderen Rumpf geklebt. Wenn Sie diese Teile farblich absetzen möchten, wie ich es bei meinen Modellen gemacht habe, empfehle ich allerdings, dass Sie diese erst nach dem Lackieren festkleben.

9.2. Bau der Leitwerke

Mit einer scharfen Klinge schrägen Sie bitte die hintere untere Kante der Dämpfungsflossen L1 des Höhenruders 45 Grad ab. Die Ruderflächen L2 lassen Sie wie sie sind und verkleben ein 370 mm langes CFK-Flachprofil mit 3×1 mm mit ihnen. Mit sehr wenig(!) UHU-Por wird nun ein UHU-Por-Scharnier hergestellt. Geben Sie den Klebstoff nur auf die scharfe Kante der Dämpfungsflosse L1, übertragen Sie nun den Klebstoff auf die Ruderflächen L2 indem Sie die Teile kurz zusammenfügen.

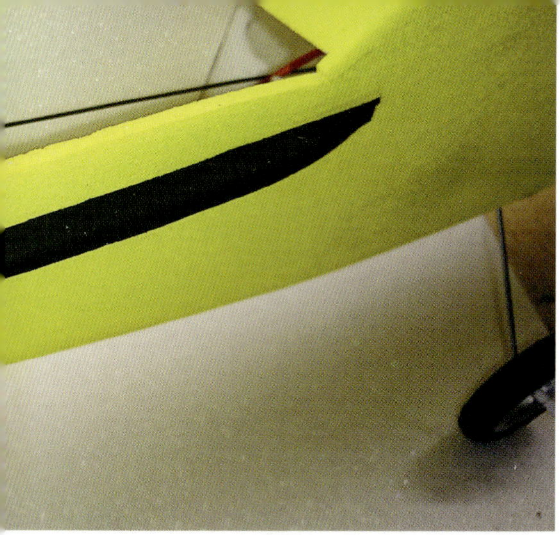

Lassen Sie die Teile nun ca. 30 Minuten ablüften, und fügen Sie sie anschließend mit Gefühl zusammen. Wenn das Scharnier zu schwergängig ist haben Sie wahrscheinlich zu viel Klebstoff genommen, doch das ist kein Problem. Mit Waschbenzin und einem Küchentuch können Sie den überschüssigen Klebstoff vorsichtig entfernen. Das gelingt am besten, wenn Sie das Ruder um 180 Grad umklappen auf „Höhe“.

Beim Seitenruder L3 verwende ich ein Depronscharnier wie ich es im Kapitel 4.10.1.4 beschrieben habe. So erhält man ein leichtgängiges, absolut minimalistisches Scharnier, das vor allen Dingen fast nichts wiegt.

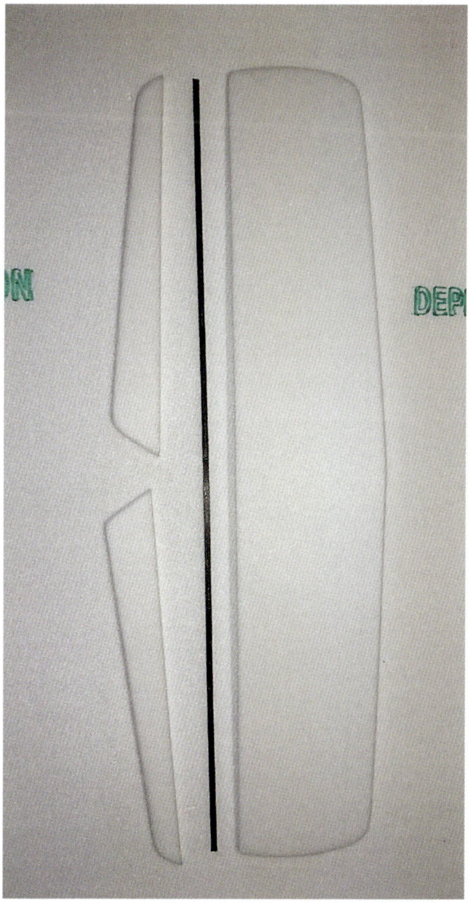

Die Teile des Höhenruders vor der Montage, die Kraftübertragung zwischen den beiden Teilen der Leitwerksflossen erfolgt über ein CFK-Profil

9.3. Zweiachser oder Dreiachser?

Sie sollten sich nun spätestens entscheiden welche Variante Sie bauen möchten. Klassisch ist natürlich die Variante als Zweiachser. Wenn Sie ausschließlich draußen fliegen möchten ist das auch eine gute Wahl. Möchten Sie jedoch auch in der Halle mit Ihrem Cabby fliegen, empfehle ich Ihnen die Dreiachsvariante zu bauen. Hiermit ist das Modell einfach wendiger und die Hallenwände kommen Ihnen nicht so nah.

Aus aerodynamischen Gründen ist bei der klassischen Zweiachsvariante eine Vergrößerung der Seitenruderfläche erforderlich, aus optischen Gründen habe ich diese Vergrößerung transparent ausgeführt. Hierzu wird die im Plan eingezeichnete Vergrößerungsfläche L4 aus dünnem, transparentem Kunststoff einer Blisterverpackung, ca. 0,4 mm stark, ausgeschnitten. Mit einem scharfen Messer wird dann die hintere Kante des Seitenruders L3 ca. 2 mm tief eingeschnitten und die Vergrößerung mit ein wenig UHU-Por eingeklebt. Im Flug ist davon nichts zu sehen, so erhalten wir das klassische Flugbild unseres Cabby.

Mein gelber Cabby ist als Zweiachser aufgebaut, daher muss die Fläche des Seitenruders vergrößert werden. Um das Erscheinungsbild nicht zu ändern, habe ich diese Vergrößerung mittels transparenten Kunststoffs gemacht

Das Seitenruder kann nun mit etwas UHU-Por stumpf auf das Höhenruder geklebt werden, die gesamte Einheit klebt man nun auf den Rumpf, achten Sie hier auf eine gerade Ausrichtung aller Teile.

Aus dünnem Sperrholz oder aus GFK-Platten stellen wir nun ein paar Ruderhörner her und verkleben sie mit den Ruderflächen. Natürlich können Sie hier auch Fertigteile verwenden, achten Sie dabei aber bitte immer auf das Gewicht. Mit Z-gekröpften 0,8-mm-Stahldraht und Schrumpfschlauch verbinden wir dann die Schubstangen mit den Ruderhörnern.

9.3.1. Bau der Tragfläche

Der Bau der Tragflächen geht, besonders wenn Sie sich für die Zweiachsvariante entscheiden, recht flott. Die gesamte Zweiachs-Tragfläche besteht aus nur neun Teilen, den beiden Flächenunterteilen F1, zwei Oberteilen F2, den beiden Holmen F3, den Randbögen F4 und dem Tragflächenverbinder aus Sperrholz F5.

Als erstes kleben Sie bitte die Depronholme F5 hochkant auf die Unterteile der Trag-

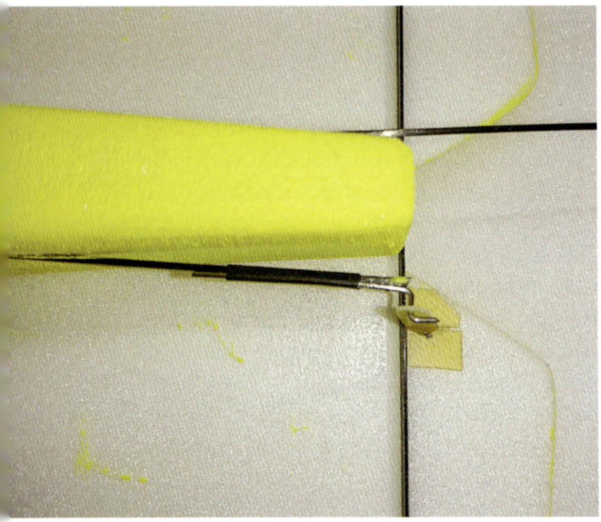

Die Höhenruderanlenkung ist hier bereits fertig, das Seitenruder wird nach seiner Montage analog dazu angelenkt

Der Rumpf ist fertig. Nun geht's an den Bau der Tragflächen, die nur aus wenigen Teilen bestehen

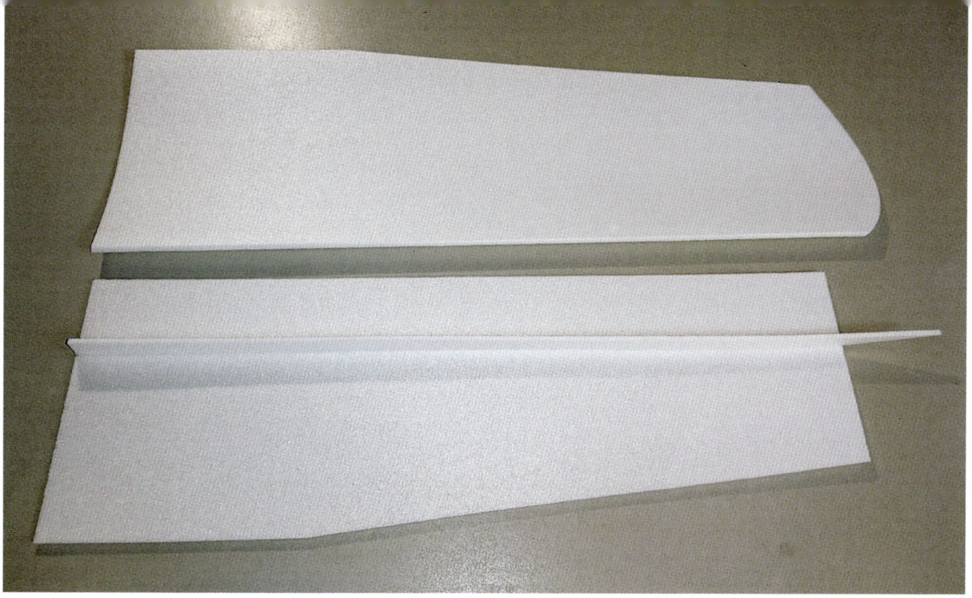

Der 3-mm-Depronholm wird senkrecht auf die Unterseite der Tragfläche aufgeklebt. Die Oberseite der Tragfläche ist hier auch bereits gewalkt, sodass sie ihre Profilform behält

flächen F1. Übertragen Sie dazu die Position der Holme auf das Depron, sollten Sie die Frästeile besitzen sind die Positionen durch 1 mm starke Bohrungen bereits markiert.

Walken Sie jetzt die Oberteile F2 der Tragflächen über eine abgerundete Tischkante.

Der Innenbereich der beiden Vorderkanten wird nun mit einer scharfen Klinge 45 Grad

abgeschrägt, wenn nötig arbeiten Sie hier mit etwas Schleifen nach. Je sorgfältiger Sie hier arbeiten, umso schöner wird nachher die Nasenleiste. Die beiden Teile werden nun mit einem 20 mm breiten Abklebeband an diesen scharfen Kanten verbunden.

Die Stellen, die nachher die Endleiste der Tragfläche ergeben, werden nun noch verschliffen, schleifen Sie hier auf ca. 1,5 mm herunter damit Sie nachher eine 3 mm starke Endleiste haben. Diese Klebestellen und auch die Oberkante des Holms bestreichen Sie nun beidseitig mit UHU-Por und lassen dies 10 Minuten trocknen.

Der nächste Schritt entscheidet darüber, ob Ihre Tragflächen verzugsfrei werden, arbeiten Sie daher hier besonders sorgfältig. In den Klebebereich der Nasenleiste geben Sie eine Kleberaupe. Klappen Sie nun mit beiden Händen die Oberseite der Tragfläche um, achten Sie dabei darauf, dass die Unterseite plan auf Ihrer Arbeitsfläche liegt. Klappen Sie zunächst nur soweit um bis die Verklebung der Oberseite auf dem Hauptholm greift, drücken hier gefühlvoll an und verpressen anschließend auch die Klebeflächen an der Hinterkante der Tragflächen. Das Ganze machen Sie nun natürlich noch mit

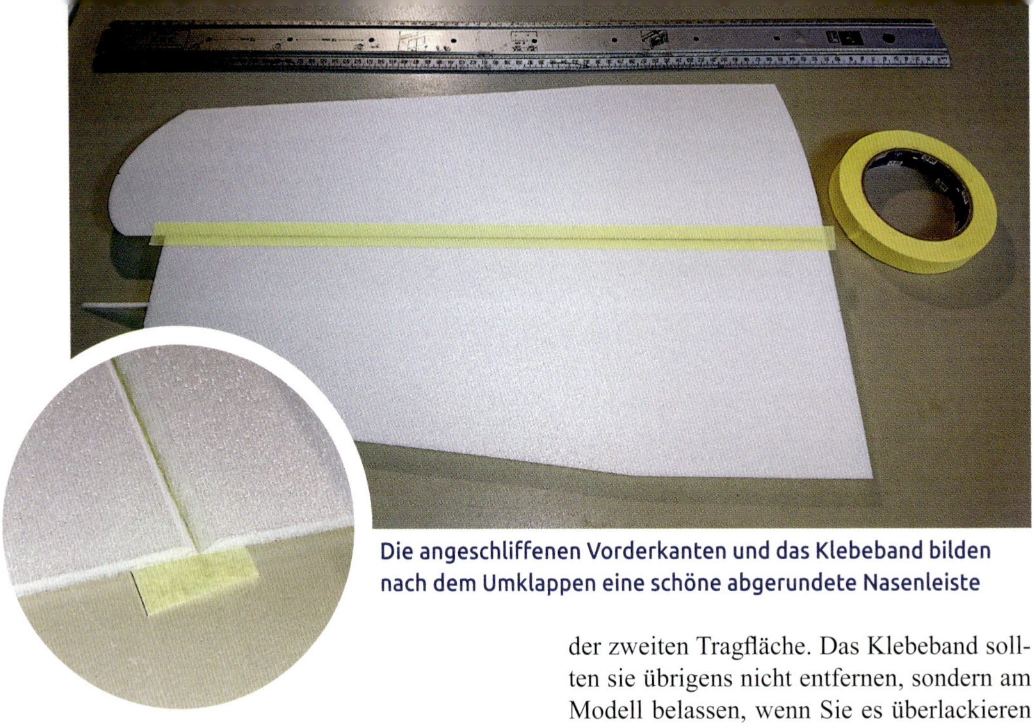

Die angeschliffenen Vorderkanten und das Klebeband bilden nach dem Umklappen eine schöne abgerundete Nasenleiste

der zweiten Tragfläche. Das Klebeband sollten sie übrigens nicht entfernen, sondern am Modell belassen, wenn Sie es überlackieren ist es nicht mehr zu sehen. So haben wir eine schöne runde Nasenleiste.

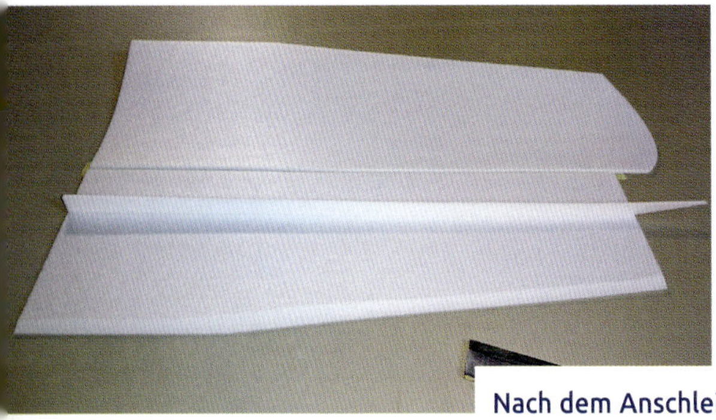

Nach dem Anschleifen der Hinterkanten werden die Ober- und Unterseite miteinander verklebt, achten Sie unbedingt darauf hier verzugsfrei zu arbeiten

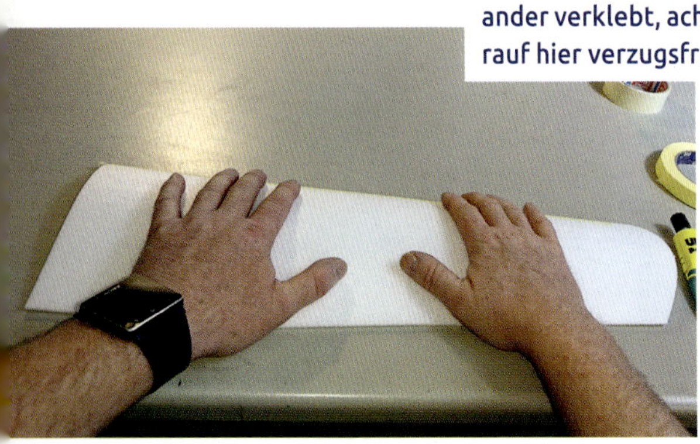

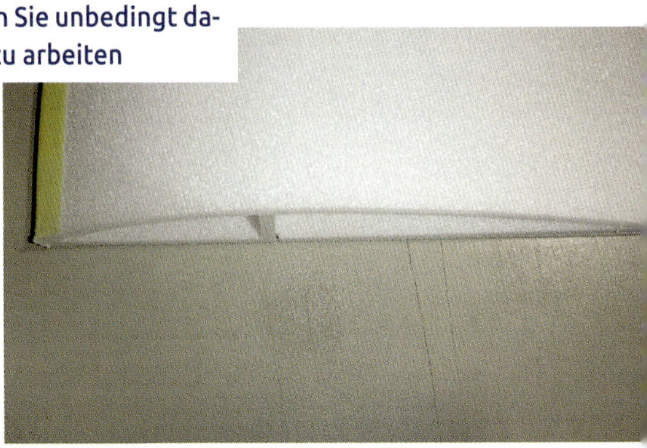

Die Randbögen F4 werden nun an den Außenkanten auf ca. 0,5 mm heruntergeschliffen, anschließend verklebt und der gesamte Randbogen kann in Kontur geschliffen werden. Mit einer Schleiflatte wird nun der Flächenwurzelbereich so verschliffen, dass die beiden Flächenhälften nachher nahtlos zusammengefügt werden können. Der Winkel wird durch den Hauptholm vorgegeben. Aus leichtem 3-mm-Pappelsperrholz sägen wir nun den Flächenverbinder F5 nach Vorgabe des Plans aus und kleben ihn in eine Tragflächenhälfte ein. Nachdem der Klebstoff getrocknet ist verbinden wir beide Tragflächen mit UHU-Por.

Zur Komplettierung kleben wir nun noch ein CFK-Flachprofil 100×3×1 mm auf die Oberseite der Tragflächenhinterkante, um hier ein Eindrücken der Gummibänder zu verhindern.

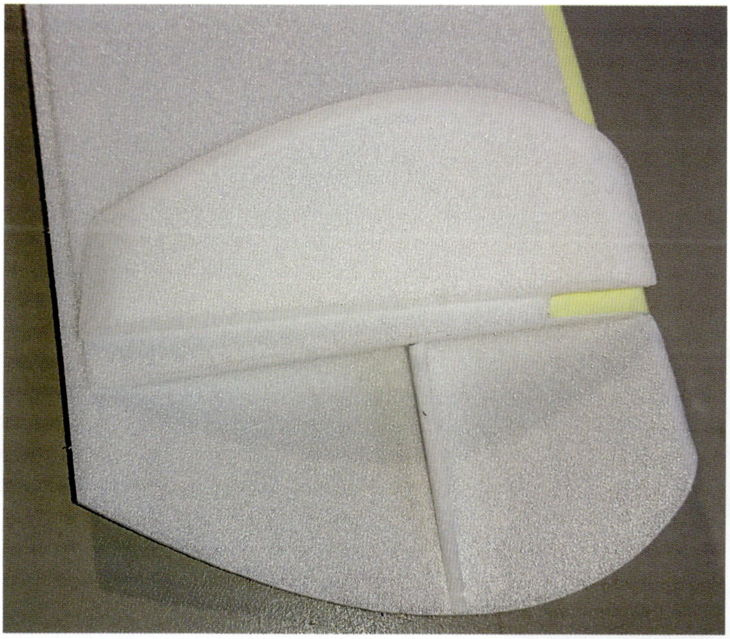

Die unteren Randbögen werden aus den Teilen F4 hergestellt und anschließend passend verschliffen

Mit dem Tragflächenverbinder aus Sperrholz werden die beiden Tragflächenhälften miteinander verklebt. Die V-Form ergibt sich dabei durch den Verbinder und ist bei beiden Varianten, mit oder ohne Querruder, identisch

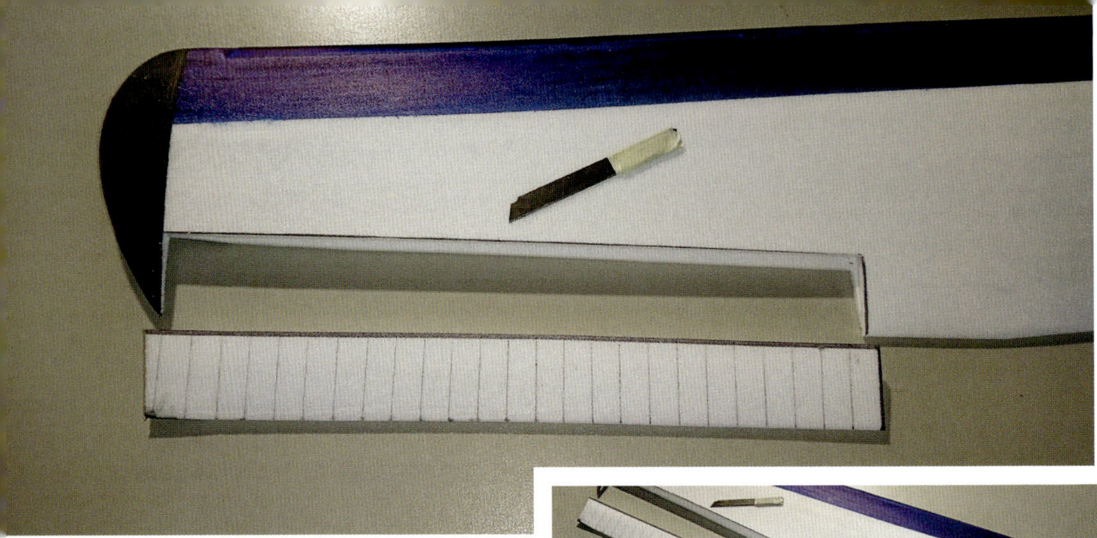

Die Querruder sind optional und können auch nachgerüstet werden

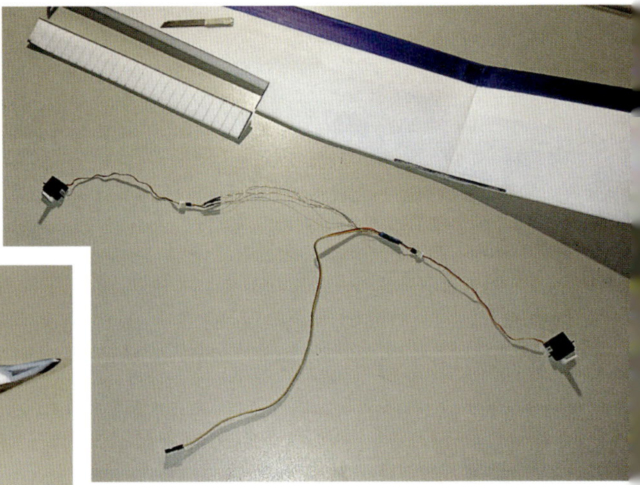

9.3.2. Bau der Querrudertragfläche

Sollten Sie sich entscheiden den Cabby mit Querrudern zu bauen, müssen Sie natürlich vor dem Verkleben der Ober- und Unterseite der Tragfläche die Servos einkleben und verkabeln. Die Verkastungen F6 der Querruder können Sie ebenfalls vorher laut Bauplan einkleben nachdem Sie die Oberseite der Profilform entsprechend verschliffen haben. Arbeiten Sie auch hier exakt, damit Sie nachher die Ruderflächen problemlos ausschneiden können.

Optional können Sie die Tragfläche auch zunächst ohne Verkastung bauen und sie, nachdem Sie die Ruderflächen ausgeschnitten haben, einpassen und anbringen. Die Ruderflächen müssen anschließen schräg geschliffen werden, um einen Ausschlag in beide Richtungen zu gewährleisten. Anscharniert werden sie, wie das Höhenruder auch, am besten mit einem Scharnier aus UHU-Por. Die Anlenkung stellen Sie, ebenfalls analog zu den Heckrudern, mittels selbstgemachten Ruderhörnern und 0,8-1 mm starkem Stahldraht her.

9.4. Einbau des Reglers und des Akkus

Der Einbau der noch fehlenden Komponenten ist sehr schnell erledigt. Der Regler wird einfach mit etwas Klettband im Akkuraum befestigt, genau wie der Antriebsakku. Mit der Position des Akkus stellen wir auch den Schwerpunkt des Modells ein, dieser sollte bei 50-55 mm ab der Tragflächenvorderkante liegen. In dem jetzt noch freien Rumpfraum unter der Tragfläche befestigt man den Empfänger ebenfalls mit etwas selbstklebendem Klettband.

9.5. Finish

Beim Finish des Cabby können sie sich natürlich austoben. Entweder Sie überlegen sich ihr eigenes Design, oder sie suchen sich eines der zahlreichen Trainermodelle der 70 Jahre aus. Bei meinen beiden Modellen habe ich genau diese beiden Wege gewählt. Der gelbe Cabby ist angelegt an die klassischen New Yorker Taxis der Marke Checker. Das blau-weiße Modell hingegen hat das Farbschema des legendären Graupner Trainermodells Taxi. Ich besitze noch einen Graupnerkatalog von 1975 und habe daher diese Farbgebung gewählt.

Der fertige Cabby als Zweiachser im Design der klassischen New Yorker Checkertaxis. Die Grafiken, Schriftzüge und Kabinenfenster sind dem Downloadplan beigefügt

Bei meinem zweiten Cabby ist das Design an das Graupnermodell Taxi aus den 70ern angelehnt, dieses Modell ist inzwischen auf Schwimmer umgerüstet

9.6. Einstellen, Auswiegen und Fliegen

Die Ruderausschläge stellen Sie bitte wie folgt ein:

- Querruder +12 mm, -10 mm
- Höhenruder +12 mm, -10 mm
- Seitenruder R 20 mm, L 20 mm
- Bugrad R ca. 30 Grad, L ca. 30 Grad

Etwas Expo, ca. 30 Prozent, je nach Ihrer Vorliebe natürlich, auf alle Ruder kann nicht schaden.

Der Schwerpunkt wir durch die Position des Akkus im Tankraum eingestellt, er sollte zwischen 50 und 55 mm, gemessen ab der Tragflächenvorderkante, liegen.

Der Cabby fliegt, genauso wie die Modelle seinerzeit, sehr entspannt, sofern Sie das vorgegebene Gewicht einigermaßen einhalten. Langsames und gemütliches „Wiesenschleichen", z.B. an einem lauen Abend um einen schönen Tag am Flugplatz abzuschließen, dafür ist die Zweiachsvariante bestens geeignet. Mit der Dreiachsvariante geht das natürlich auch, optional können Sie es hier etwas mehr gehen lassen und auch mal eine Rolle fliegen.

Ich wünsche Ihnen nun viel Spaß beim Bau und natürlich auch nachher beim Fliegen mit Ihrem Cabby.

10. Schlusswort

Wir haben es geschafft. Der kleine Cabby, oder ein anderes schönes Depronmodell, steht nun vor Ihnen und ist vielleicht auch schon geflogen. Wenn dieses Buch Ihnen dabei geholfen hat, hat es seinen Zweck erfüllt.

Mir hat das Schreiben viel Spaß gemacht und ich hoffe, dass ich alles verständlich rüberbringen konnte und natürlich, dass der eine oder andere Tipp Ihnen die gleiche Freude beim Bau und beim Fliegen ihres Modells gebracht hat.

Ich würde mich sehr über ein Feedback, und wenn Sie mögen auch über ein Foto Ihres Modells freuen: michael@airboss.info

Danksagung

So ein Buch ist ja keine Sache die man mal eben so nebenbei macht, ich möchte mich daher bei allen bedanken die dazu beigetragen haben, dass ich das Projekt umsetzen konnte.

Natürlich ist als allererstes meine Frau Karin zu nennen, die einen Teil der Fotos gemacht hat, mir bei Formulierungen geholfen hat und mich ansonsten tatkräftig unterstützt hat.

Dann danke ich allen, die mir mit Fotomaterial ausgeholfen haben: Jürgen Bestenlehner, Jürgen Schönle, Jörg Pfister, Daniel Just.

Mit ihrer fachlichen Unterstützung haben besonders Jürgen Bestenlehner und Jürgen Schönle einen großen Anteil am Gelingen dieses Buches.

Und zu guter Letzt gebührt mein Dank Dagmar Sembowski, die sich mit all meinen Grammatik- und Rechtschreibfehlern herumgeschlagen hat.

Fräs- und Laserteile aus Depron

Jetstream

Jürgen Bestenlehner, 2016
Spannweite: 630 mm, Länge: 690 mm,Fluggewicht: ab ca. 350 g, Servos Quer/Höhe: 2 × Dymond D 1510 MG, Servo Seite (optional): Dymond DS 37, Regler: Dymond Smart 18, Motor: T-Motor MN 1806-2300, Akku: 3s-LiPo 1.200 bis 1.500 mAh.

Depron-Frästeilesatz: ArtNr: 6211629

Dornier Do 14

Jörg Pfister, 2016
Spannweite: 780 mm, Länge: 590 mm, Spannweite HLW: 270 mm, Tragflächeninhalt: 0,53 dm², Flächenbelastung: 10,5 g/dm², Tragflächenprofil Wurzel: gewölbte Platte, Tragflächenprofil Rand: gewölbte Platte, Profil des HLW: Platte, Gewicht mit 2s-250-mAh-LiPo: 111 g.

Depron Frästeilsatz: ArtNr: 6211628

Lisa

Jürgen Bestenlehner, 2015
Spannweite: 72 cm, Länge: 51 cm, Fluggewicht: ca. 175 g, Empf. Akku: 2s-LiPo, 600-800 mAh, RC-Funktionen: Motor, Höhe, Seite, Quer.

Depron-Frästeilesatz: ArtNr: 6211591

Schwimmer für Lisa

Jürgen Bestenlehner, 2015
Passend für das Downloadplanmodell LISA aus der FMT 2/2015. Der Frästeilesatz enthält alle Depron-Bauteile, absolut exakt CNC-gefräst, sowie die Baubeschreibung in Druckform.

Depron-Frästeilesatz: ArtNr: 6211597

Slowly MS

Christian Huber, 2016
Spannweite: 990/1.090 mm, Länge: 780 mm, Flügelfläche: 18/17,5 dm², Gewicht ohne Akku: 129/144 g, Motor: 9- bis 15-g-Außenläufer, Akku: 2s-LiPo 300 bis 450 mAh, RC-Funktionen: Höhe, Seite und Motorregelung.

Depron-Frästeilesatz: ArtNr: 6211624

Depron-Downloadpläne

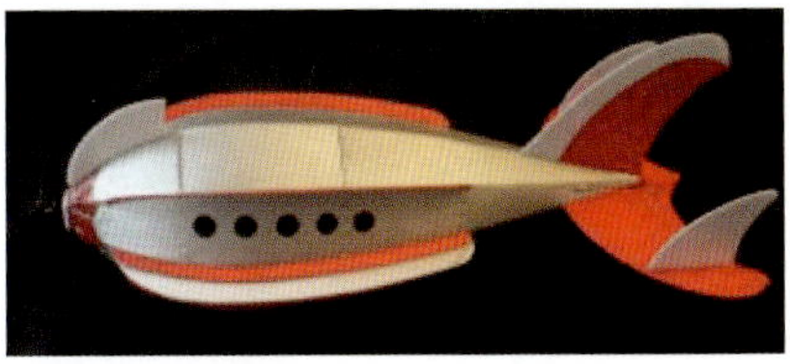

Space Ship

Jürgen Bestenlehner, 2016, aus Depron, Baubeschreibung und Bauplan.
L: 430 mm, S/Durchmesser: ca. 130 mm, G: ca. 65 g, Verwendete Komponenten, Akku: Dymond-2s-200-mAh-LiPo, Empfänger: Spektrum AR6310 Nanolite, Servos: 2 × 1,7-g-Servos, Regler: 6 A Dymond Smart 6, A: 5 g NTM-3000, Luftschraube: 4×3". Verwendete Materialien, 1,5-mm-Depron, 0,8-mm-Spaltdepron, UHU Por, Marabu Do-it Silber, Revell Aquacolor Ferrarirot.
Best.-Nr.: 9040

1-Meter Sichel

Hans P. Baier, 2013, aus Depron, Baubeschreibung & Bauplan. Spannweite: 1.000 mm, Flächeninhalt: 19,7 dm², G: ca. 200 g, Flächenbelastung: 10 g/dm².
Best.-Nr.: 9001

Air Racer

Jörg Pfister, 2015, aus Depron,Baubeschreibung & Bauplan (Teile 3). S: 75 cm, Länge: 63 cm, Tragflächeninhalt: 7,5 dm², Flächenbelastung: 32 g/dm², Modellgewicht ohne Akku: 168 g, Fluggewicht: ca. 200-240 g, Motor: Dymond AL2730 (23-g-BL-Außenläufer), Luftschraube: GWS7035 oder APC 7×6 Zoll, Regler: 10 A mit BEC, Servos: 4× 3,7-g-Typ, Ruderausschläge: Querruder (an der Wurzel): +12/-6 mm, Höhenruder: +/-15 mm, Seitenruder: maximal.
Best.-Nr.: 9003

Air Tractor

Jörg Pfister, 2014, aus Depron, Baubeschreibung & Bauplan (2 Teile). S: 80 cm, Abfluggewicht: 100-130 g, Motor: 10-g-BL-Motor, 1.800-2.000 kV, Luftschraube: 6×3 Zoll (130 g Standschub bei 3,2 A), Regler: 6 A mit BEC, Akku: 2s-LiPo mit 360 mAh, Flugzeit: 8-10 Minuten, Servo: 2 oder 3× 3,7-g-Typ, Ruderausschläge: Höhe: +/- 14 mm, Seite: +/- 20 mm, Quer: +/- 15 mm.
Best.-Nr.: 9004

Alpha Jet

Jörg Pfister, 2012, aus Depron mit 350 mm Spannweite, Baubeschreibung, Bauplan (2X Impeller Blatt, 2X Pusher Blatt) & Dekorbogen. Spannweite: 35 cm, Länge: 40 cm,Abfluggewicht (mit Akku): ca. 70 g, Motor (Druckantrieb): 5-g-Brushless-Motor (3.000 oder 4.500 kV), Luftschraube: 3×2 Zoll von GWS, Regler: 6 A Brushless mit BEC, Impeller: EDF30 von GWS, Akku: 2s-LiPo, 360 mAh,
Elektronik: Spektrum AR6400-Baustein und 2× Spektrum Micro-Servos AS2000 oder 2-g-Micro-Empfänger mit 2× 2-g-Servos.
Best.-Nr.: 9005

Bella Italiana

Jürgen Bestenlehner, 2012, Wasserflugzeug aus Depron, Baubeschreibung & Bauplan. Wasserstarts und sportliches Fliegen zur Verfügung, Spannweite: 600 mm, L: 420 mm, Fluggewicht: ab 62 g mit 2s-Antrieb: 84 g, Flächenbelastung: ca. 13 g/dm², Motor (Getriebe): Antrieb aus der E-flite 4-Site, Motor (Brushless): Antrieb aus der E-flite UMX Beast, RC-Elektronik: Spektrum AR6400L bzw. AR6400LBL, Akku: Dymond 2s 200-mAh-LiPo.
Best.-Nr.: 9007

Big Turtle

Severin Leuenberger, 2014, aus Depron, Baubeschreibung & Bauplan (auch DIN A4). L: 1.250mm, S: 1.270mm, Flächeninhalt: 77 dm², Abfluggewicht „light": 1.720 g, Flächenbelastung „light": 22 g/dm², Abfluggewicht voll ausgerüstet: 2.340 g, Flächenbelastung voll ausgerüstet: 30 g/dm², Schwerpunkt: 630 mm von der Rumpfspitze.
Best.-Nr.: 9009

Dornier Do 28

Jörg Pfister, 2013, aus Depron, in zwei Versionen baubar (700 mm & 1.120 mm Spw.) Baubeschreibung, Bauplan (7 Teile) und Dekorbogen. 3- und 6-mm-Depron, 10- und 40-mm-EPP, Styropor-verträgliche Farbe, Oracover Bügelfolie, 3×0,5-mm-CFK-Flachprofil, Belli Zell und UHU-Por, Ruderanlenkung: 1-mm-Draht, Bowdenzug Innen- und Außenrohr, Ruderhörner, Fahrwerk: 1- und 2-mm-Draht Leicht-Räder, Antrieb und RC (1,12-m-Version): 2× Dymond 2730 Motor, 2× 10-A-Regler GWS 3-Blatt-Propeller 7035 (links- und rechtsdrehend 3s 1.300-mAh-LiPo, 2× 9-g-Servo, 2× 3,7-g-Servo.
Best.-Nr.: 9012

Dornier Wal

Klaus Paradies, 2010, Flugboot aus Depron, Baubeschreibung & Bauplan. Länge: 59 cm, S: 78 cm, G: 140 g, A: Schnurzz (Bausatz), Heckpropeller läuft frei mit, Material: 3-mm-Depron, für die Spanten: 6-mm-Depron, Steuerung: Seite, Höhe, Motor, Servos: 4 g von Conrad, Akku: 2S-LiPo, 350 mAh von Kokam, RC-Anlage: Futaba 2,4 GHz.
Best.-Nr.: 9013

Fliegender Rochen

Christian Huber, 2013, aus Depron, Baubeschreibung & Bauplan zwei Versionen (400 mm & 600 mm Spw.) baubar. 60-cm-Version: Motor: D-Power AL28-13 (Derkum), Regler: D-Power Brushless 10 A (Derkum), Servo: 3× D-Power AS-218BB (Derkum), Akku: 3s 450-mAh-LiPo, Fluggewicht: ca. 250 g.
Best.-Nr.: 9016

Ara

Christian Huber, 2014, Wurfsegler aus Depron, Baubeschreibung & Bauplan. Spannweite: 87 cm, Gewicht: ca. 56 g (bespannte Freiflugversion).
Best.-Nr.: 9006

Dornier Do14

Jörg Pfister, 2016, Flugboot aus Depron, fliegt auch in der Halle oder vom Grasboden aus gutmütiges Modell, über Höhen- und Seitenruder gesteuert, Spannweite: 780 mm, L: 590 mm, Spannweite HLW: 270 mm, Tragflächeninhalt: 10,53 dm², Flächenbelastung: 10,5 g/dm², Tragflächenprofil Wurzel: gewölbte Platte, Tragflächenprofil Rand: gewölbte Platte, Profil des HLW: Platte, Gewicht/Herstelerangabe: 111 g, Fluggewicht Testmodell o. Flugakku: 94 g, mit 2s-250-mAh-LiPo: 111 g, B: Lieferant von Fertigteilen: VTH: Frästeile (621 1628).
Best.-Nr.: 9056

Kleiner Drache

Jürgen Bestenlehner, 2010, aus Depron, Optional mit Schwimmern als Wasserflugzeug baubar, Baubeschreibung, Bauplan und Baustufenbilder. S: 70 cm, L: 51 cm, G: ca. 150 -160 g, Flächenbelastung: ab ca. 15 g/dm².
Best.-Nr.: 9023

La Ventolina V2

Jürgen Bestenlehner, 2015, mit Klinge-Fogleman-Profil, aus Depron, Baubeschreibung & Bauplan (2 Teile). Spannweite: 100 cm, Länge: 68 cm, Tragflächenprofil: Kline-Fogleman KFm3, Fluggewicht: ab 160 g, Antrieb und RC: Set von Pichler, Motor: Brushless Nano 9 g, Motorhalterung: 7 mm, Regler: Brushless XQ 6-LT, Servo: 2× Master S708, Akku: LemonRC 2s-LiPo mit 850 mAh, Propeller: Klappluftschraube mit Spinner Klebstoffe und Acrylfarben.
Best.-Nr.: 9024

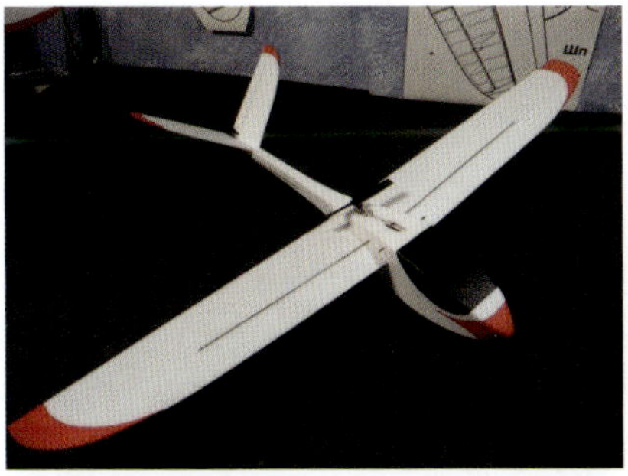

La Ventolina

Jürgen Bestenlehner, 2011, Minisegler mit einfachem Klapptreibwerk, aus Depron, Baubeschreibung, Bauplan und Baustufenfotos. Spannweite: 840 mm, Länge: 550 mm, Fluggewicht: ca. 47 g, Empfänger/Servos/Regler: Spektrum AR6400L-Baustein, Antrieb: aus Parkzone Ultra-Micro-Modellen wie Su 26, P51 Mustang, o.ä. Akku: 1S ca. 160 mAh.
Best.-Nr.: 9025

Lisa

Jürgen Bestenlehner, 2015, aus Depron, Optional mit Schwimmern als Wasserflugzeug baubar, Baubeschreibung, Bau- und Ergänzungsplan, Mit diesem Downloadplan können sowohl die Lisa als auch die Lisa 200% aufgebaut werden. Spannweite: 72 cm, Länge: 51 cm, Fluggewicht: ca. 175 g, Antrieb und RC: Motor: Dymond AL 2211-1700 Regler: Dymond Smart 10 Servos: 4× Dymond DS37 Akku: Dymond 2s-LiPo mit 600 – 800 mAh Luftschraube: APC 7×5 Zoll Slowfly.
Best.-Nr.: 9026

RFB FANTRAINER

Jürgen Bestenlehner, 2013, mit Spektrum-Elektronik aus Depron, Baubeschreibung & Bauplan. S: 56 cm, L: 54 cm, G: ca. 85 g, Elektronik: Spektrum AS6410NBL, Motor: Feeltronic 5-g-BL-Motor, 4.500 kV, Luftschraube: GWS 4×4 Zoll (gekürzt), Akku: Feeltronic 2s 250-mAh-LiPo mit UMX-Anschluss, Höhe/Seite: 2× 2-g-Drehservo (über eBay), Quer: 2× Spektrum Linearservo (z.B. aus E-flite UMX Mig 15) Kabinenhaube: Tiefziehfolie, Wasserschiebebilder: Folie.
Best.-Nr.: 9027

Sharky Boxwing

Michael Rützel, 2015, aus Depron, Baubeschreibung & Bauplan. Spannweite: 970 mm, Länge: ca. 520 mm (je nach Motor), Fluggewicht: unter 200 g, Antrieb und RC (empfohlen): Motor: Dymond GTX 2712, 1.720 kV (Gewicht: 17,5 g) Regler: Dymond Smart 10, 10 A (Gewicht: 9) Akku: Dymond 2s-LiPo LC 450, 30C (Gewicht: 32 g) Servos: Dymond DS 37 digital (Gewicht: 4 g) Propeller: GWS 8×4,3 Slowfly Empfänger: leichter Slowflyempfänger mit 4 Kanälen.
Best.-Nr.: 9031

Slowly

Christian Huber, 2010, aus Depron, Baubeschreibung & Bauplan.Servos: GWS IQ 100, robbe 8-g-Servo oder vergleichbare, Motor: Pichler Nano RED Silverwind, Pichler Nano F3P, Pichler Nano 15 g oder vergleichbare, Regler: Pichler XQ12 oder vergleichbare, Akku: Lipo, ca. 350 mAh, 7,4 V, Propeller GWS 8×4,3 Zoll.
Best.-Nr.: 9039

Sparrow

Christian Huber, 2015, Freiflugmodell aus Depron, Baubeschreibung & Bauplan. Spannweite: 50 cm, Länge: 57,5 cm, Fluggewicht: ca. 30 g.
Best.-Nr.: 9041

Volksplane

Michael Rützel, 2014, aus Depron, Baubeschreibung & Bauplan. Spannweite: 1,20 m, Länge 0,92 m, Flächeninhalt 22,4 dm², Gewicht 245g, Flächenbelastung 11 g/dm², Profil NACA 4412 Aquila 9,3% smoothed, Antrieb 70-80 W BL-Motor.
Best.-Nr.: 9043

Volmer VJ-22

Jürgen Bestenlehner, 2011, Wasserflugzeug aus Depron, Baubeschreibung mit Baustufenfotos, Bauplan, Maßstab 1:10, Spannweite: 1.100 mm, Fluggewicht: ca. 420 g, Antrieb: AL2730-1700, 18-A-Regler, 2s-1.050-mAh-LiPo, 7×5 APC-Slowfly-prop, 5× Servos D90 eco.
Best.-Nr.: 9044

Depronodon

Christian Huber, 2016, Spannweite: 2.100 mm, Länge: 1.620 mm, Flächeninhalt: 48 dm², Gewicht: 450 g, Motorempfehlung: 20- bis 30-g-Außenläufer (ca. 1.800 – 2.200 kV), Akku: 3s-LiPo 900 mAh,RC-Funktionen: Höhen-, Seiten- und Querruder, Motorregelung.
Best.-Nr.: 3201473

Jetstream

Jürgen Bestenlehner, 2016, Deltamodell aus Depron, außergewöhnlicher Look, Frästeilsatz ist separat erhältlich. Spannweite: 630 mm, Länge: 690 mm, Fluggewicht: ab ca. 350 g, Servos Quer/Höhe: 2 × Dymond D 1510 MG, Servo Seite (optional): Dymond DS 37, Regler: Dymond Smart 18, Motor: T-Motor MN 1806-2300, Akku: 3s-LiPo 1.200 bis 1.500 mAh.
Best.-Nr.: 9057

Slowly MS

Christian Huber, 2016, Motorsegler, leicht zu fliegen. Spannweite: 990/1.090 mm, Länge: 780 mm, Flügelfläche: 18/17,5 dm², Gewicht ohne Akku: 129/144 g, Motor: 9- bis 15-g-Außenläufer, Akku: 2s-LiPo 300 bis 450 mAh, RC-Funktionen: Höhe, Seite und Motorregelung.
Best.-Nr.: 3201472

C-3605

René Bützberger, 2012, S: 1.030 mm, Gewicht: 620 g, A: Turnigy 28-26, 1.000 KV, 240 W, 3S-LiPo, RC: Seite, Höhe, Quer, Motor, R: Depron, T: Depron. B: Modell eines außergewöhnlichen Flugzeugs der Schweizer Fliegertruppe. Durch seine Proportionen und die ungewöhnliche Lackierung ein Blickfang auf jedem Modellflugplatz.
Best.-Nr.: 3201433

D.H. 100 Vampire

Rene Bützberger, 2010
S: 880 mm, L: 730 mm, G: 330 g, A: 2208-14, 1.450 KV, 3S-LiPo, RC: Quer, Höhe, Motor, Handliches und gut fliegendes Modell der Vampire in moderner Depronbauweise. Von langsam bis schnell macht das Modell alles mit, ein Schub-Gewichstverhältnis von 1:1 bringt jede Menge Spaß.
Best.-Nr.: 3201411

D.H. 112 Venom

René Bützberger, 2011, S: 960 mm, L: 760 mm, G: 490 g, A: 2208-14, 1.450 KV, 3S-LiPo, 1.500 mAh, RC: Quer, Höhe, Motor, (Seite), R: Depron, T: Depron. Das handliche und gut fliegende Modell ist der Nachfolger der bekannten Vampire. Die Depronbauweise hält Gewicht und Bauaufwand in Grenzen. Ein vielseitiges Modell für ungetrübten Flugspaß.
Best.-Nr.: 3201419

Aviatik Berg D.I

Petr Skorepa, 2018, S: 712 mm, L: 630 mm, G: ab 370 g, A: BL-Motor, Typ 2408, Steller: 10 A, LiPo 3s 600 - 850 mAh, GWS 8×4, RC: Seite, Höhe, Quer, Motor, 3× 9-g-Servo, z.B. Hitec HS-55, T: Holz/Depron, R: Holz/Depron, 2 Blatt A1.
Best.-Nr.: 3201495

Vector Board, 4 Modelle

Christian Huber, 2018, Wurfgleiter Segler: S: 600 mm, L: 405 mm, Wurfgleiter Jet: S: 440 mm ,L: 540 mm, Vector Kite: S: 540 mm, L: 540 mm, G: 37 g, Vector ULI: S: 620 mm, L: 440 mm, G: 40 g, R: Vector Board, T: Vector Board, 2 Blatt A1.
Best.-Nr.: 3201502

Pilatus PC-6 Turbo Porter

Christian Forrer, 2009
M 1:11, S: 1.440 mm, L: 1.000 mm, G: ab 560 g, P: gerade Unterseite, A: Magnum A2208/8, 3S1P-LiPo, RC: Seite, Höhe, Quer, Motor, B: Depronmodell in der für Christian Forrer typischen Präzision und Bautechnik. Eine Besonderheit ist das „Allwetterfahrwerk" des Modells, das für ebene Pisten ebenso geeignet ist wie für festen Schnee.
Best.-Nr.: 3201387

Martian Spaceship (in engl. Sprache)

Paul Witko, 2010
L: 850 mm, A: BL, 100 W, RC: Seite, Höhe, Motor, 2 Blatt. Sie erinnern sich noch an Flash Gordon? Dann kennen Sie auch das Vorbild dieses außergewöhnlichen Modells.
Best.-Nr.: 3217191

Turtle One

Staffan Seth, Spannweite: 790 mm, L: 810 mm, G: ab 550 g, F: ab 20 g/dm², A: 2× E-Flite Park 300 und 3S-LiPo, 910 bis 2.700 mAh, RC: Elevons, Motor, R/T: Depron
Futuristisch anmutendes Depronmodell mit erstaunlichen Flugeigenschaften. Ein Modell für den fortgeschrittenen Piloten, das mit geringem Aufwand an Zeit und Geld zu bauen ist.
Best.-Nr.: 3201424

Beutelteufel

Christian Huber, 2010, im Rucksackformat, aus Depron, Baubeschreibung & Bauplan. Fluggewicht: 34 g, Akku: 1s 110-mAh-Lipo, RC-Ausrüstung entnommen aus Kyosho Minium Extra SC.
Best.-Nr.: 9008

Judi Seajet

Jürgen Bestenlehner, 2014, Wasserflugzeug aus Depron, Baubeschreibung & Bauplan. Spannweite: 600 mm, Fluggewicht: 150-160 g, Motor: 10-g-BL-Außenläufer, 2.000 kV, Regler: 10 A mit BEC, Propeller: 5×3 oder 5×4,5 Zoll (z.B. GWS), Akku: 2s-LiPo mit 350-500 mAh, Servos: 3× 5-g-Klasse.
Best.-Nr.: 9020

Husky

Christian Huber, 2011, Leichtbauflieger aus Depron, Baubeschreibng, Bauplan und Baustufenbilder. Spannweite: 90 cm, Fluggewicht: 120-130 g. Höhe: 3- bis 4-g-Klasse (z.B. Pichler S702), Seite: 3- bis 4-g-Klasse (z.B. Pichler S702), Quer: 2× 3- bis 4-g-Klasse (z.B. Pichler S702), Landeklappen: 5- bis 6-g-Klasse (z.B. Pichler S708). Motor: Brushless 5- bis 10-g-Klasse (z.B. Pichler NANO 9G), Luftschraube: 7×3,5" GWS HD, Regler: 5 A Brushless (z.B. Pichler QX-6 LT), Akku: 2S-LiPo, 180-240 mAh (z.B. Picher RED POWER 200 7,4V).
Best.-Nr.: 9018

Stinson Reliant SR10

Jürgen Bestenlehner, 2012, aus Depron, Baubeschreibung & Bauplan (2 Teile). Spannweite: 920 mm, Länge: 620 mm, Gewicht: 220-250 g, Servos: 4× Dymond D37 Eco, Regler: Dymond Smart 10, Motor: AHM 18-5, Akku: 2s-LiPo mit ca. 350 mAh, Luftschraube: Graupner Scale für Ju 52 mit 6,5×4 Zoll,
Best.-Nr.: 9042

Himmelslaus

Bernd Schäfer, 2007, S: 930 mm, L: 600 mm, G: ca. 400 g, F: ca. 11,5 g/dm², A: Außenläufer (100 W), RC: Seite, Höhe, Motor, B: Einfaches Modell des urigen französischen Tandemflugzeugs. Ausführliche Bauanleitung.
Best.-Nr.: 320.1349

Skunky

Michael Rützel, 2014, 55cm Nurflügler aus EPP, Baubeschreibung & Bauplan. S: 55 cm, L: 34 cm, G: 100 g, Profil: Kline-Fogleman KFM-2, Steuerung: über Deltamischer.
Best.-Nr.: 9033

CAD – CAM – CNC im Modellbau

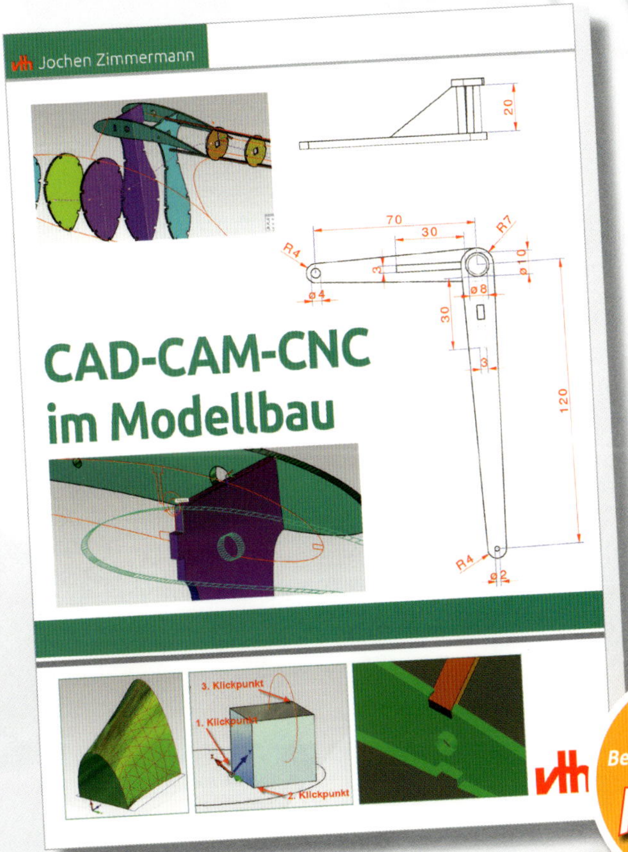

Aus dem Inhalt

- Begriffsbestimmungen: CAD – CAM – CNC
- 2D-Konstruktion – Planerstellung
- Grundlagen des Konstruierens am CAD
- Zeichenwerkzeuge
- Fangmethoden
- Layer und Gruppen
- Dateiverwaltung
- Drucken und Datenaustausch
- Konstruieren in 3D
- CNC-Technik – vom PC auf die Maschine
- Nach CAD kommt CAM
- CAM-Funktionen im 3D

Bücher, Zeitschriften & Bestellungen ab 100 € **portofrei** (innerhalb Deutschland)

Jochen Zimmermann

CAD – CAM – CNC im Modellbau

Jochen Zimmermann führt Sie in diesem Buch in die Welt der computerunterstützten Konstruktion und Fertigung – ganz auf den Modellbau abgestimmt. Anhand eines praktischen Beispiels aus dem Flugmodellbau – aber auch umsetzbar auf Schiffs-, und Truck- und andere Modelle – wird die Konstruktion in 2D und 3D gezeigt. Tipps und Tricks für den Umgang mit der Software und die Punkte, auf die bei einer Konstruktion zu achten ist, sind für jeden, der den Modellbau mit Computerunterstützung bereichern will, eine wahre Fundgrube. Die Umsetzung in entsprechende Bearbeitungsdateien und Hilfen für die 2D- und 3D-Fertigung von Bauteilen runden das Buch ab.
Machen Sie den nächsten Schritt im Modellbau – konstruieren und fertigen Sie mit Computerunterstützung dank CAD, CAM und CNC!

Umfang: 240 Seiten
Abbildungen: über 700
ArtNr: 3102270 / ISBN 978-3-88180-485-1
Preis: 32,90 €

Bestellservice
Tel.: 07221 - 5087-22
Fax: -33, service@vth.de
... weitere Bücher, Baupläne und Modellbau-Zubehör finden Sie auf

Die ganze Welt des Modellbaus **www.vth.de/shop**

Depron-Workshop

Leichte Schaummodelle selber bauen

Depron ist ein perfektes Material für leichte Flugmodelle. Doch nur vorgefertigte Bausätze zu montieren, wird auf Dauer langweilig. Gerade der individuelle Bau nach Eigenkonstruktion oder Bauplan macht Spaß und ist gar nicht so schwierig, wie man vielleicht meint. Man braucht auch deutlich weniger Werkzeug als etwa beim Bau mit Holz. Unser Autor begleitet Sie vom ersten Schnitt bis zum Erstflug, gibt viele wichtige Tipps und verrät so manchen Trick aus seiner langjährigen Modellbaupraxis. Also ran an den Schaum!

Aus dem Inhalt

- Materialien
- Klebstoffe
- Werkzeuge
- Bau eines kleinen Retrotrainers aus Depron
- Antriebs- und RC-Komponenten
- Ruderanlenkungen und Ruderscharniere
- Lackierung und Finish
- Einstellen und Auswiegen
- Wasserflug
- Besondere Arten der Depron-Verarbeitung

Verlag für Technik und Handwerk neue Medien GmbH

Preis: 19,90 € (D)
Best.-Nr.: 3102277

ISBN 978-3-88180-491-2

9 783881 804912